大展好書　好書大展
品嘗好書　冠群可期

大展好書　好書大展
品嘗好書　冠群可期

歡迎至本公司購買書籍

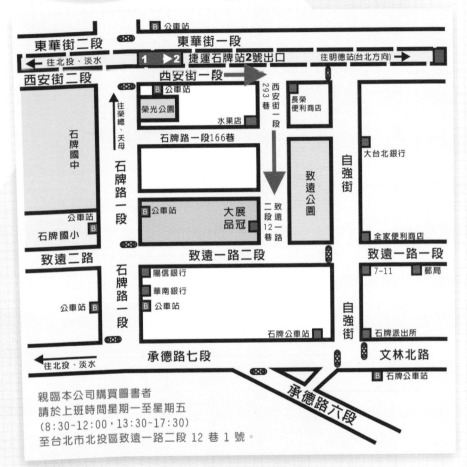

親臨本公司購買圖書者
請於上班時間星期一至星期五
(8：30~12：00，13：30~17：30)
至台北市北投區致遠一路二段 12 巷 1 號。

建議路線
1.搭乘捷運、公車
　　淡水線石牌捷運站下車，由石牌捷運站 2 號出口出站(出站後靠右邊)，沿著捷運高架往台北方向走(往明德站方向)，其街名為西安街，約走100公尺(勿超過紅綠燈)，由西安街一段293巷進來(巷口有一公車站牌，站名為自強街口)，本公司位於致遠公園對面。搭公車者請於石牌站(石牌派出所)下車，走進自強街，遇致遠路口左轉，右手邊第一條巷子即為本社位置。

　2.自行開車或騎車
　　由承德路接石牌路，看到陽信銀行右轉，此條即為致遠一路二段，在遇到自強街(紅綠燈)前的巷子(致遠公園)左轉，即可看到本公司招牌。

休閒生活

7

君子蘭
栽培實用技法

岳粹純　編著

品冠文化出版社

前　言

　　君子蘭株形端莊，葉片對稱，排列整齊，短、寬、花、亮，脈紋明顯突出，側看一條線，正看如開扇，翠綠挺拔，四季常青，且有葉片爲黃、白、灰、綠、淡綠多色相間相套的縞蘭。花常冬季開放，在聖誕節、元旦、春節期間，君子蘭頂端擎一團黃橙紅或緋紅以及黃、綠、粉、紫的花朵，高高直立的花序，春意盎然，一派生機，給人們以歡快愉悅之感，烘托出節日喜慶熱烈的氣氛。正如詩人描繪的那樣：「葉寬常吐綠，脈絡宜分明。金絲托紅玉，銀蕊發幽情。立似美人扇，散爲鳳開屏。端莊伴素雅，報春鬥嚴冬。」君子蘭漿果色彩鮮豔、形狀滾圓猶如翡翠，由綠變黃，又由黃轉紅，點綴在兩列劍葉之中，引人注目，給人以賞心悅目之感。

　　君子蘭可在室內盆栽或用作庭院、宅旁綠化和美化，也是室內案頭佈置的良好陳設。

　　近年來，君子蘭受到越來越多花卉愛好者的歡迎。君子蘭已成爲點綴住室、裝點花廳、佈置會場、美化環境的理想盆花，不少花卉愛好者都希望能看到自己親手培育的君子蘭，花鮮葉翠，爭奇鬥豔。但有

些花卉愛好者由於缺乏經驗，往往把一株高檔的君子蘭養得葉片七扭八歪，寬一片窄一片、長一片短一片，不僅難看，甚至四五年也不開花，或花莛夾在葉片中間老是抽不出花來，一時又找不到原因，令人十分掃興。

爲此，本書從君子蘭的生長習性到繁殖栽培，從每月花事管理到名品欣賞都一一作了介紹，並解答了在栽培過程中可能遇到的一些問題，具有較強的實用性和可行性。讀者閱讀此書，可以增長知識，開闊眼界，使自己蒔養的君子蘭更加茁壯豔麗。

本書插圖由岳靜如提供，殷華林繪圖並提供彩照。本書在編寫過程中，曾參考了有關資料、書籍，並得到有關專家朋友的熱情幫助，在此向原編著單位、原著作者表示衷心的感謝。限於筆者的知識和水準，書中難免有錯誤和疏漏之處，還請讀者多提寶貴意見。

作者

目　錄

一、概　述

　　君子蘭原產南非，屬石蒜科（Amaryllidaceae）、君子蘭屬（Clivia），為多年生常綠草本植物。最早傳入中國的垂笑君子蘭學名為 Clivia nobilis lindl。屬名 Clivia 是為了紀念英國英格蘭島最北部諾森伯蘭（Northumberland）的一位名叫 Nee Clived 的公爵夫人；種名 nobilis 為高尚、文雅、壯麗之意。1854 年垂笑君子蘭自歐洲傳到日本之後，東京理科大學助教大久保三郎命名時所用漢字名就為「君子蘭」。垂笑君子蘭（圖 1）莛蒂長，花雜多，花期長，多

圖1　垂笑君子蘭

圖2　大花君子蘭

用於公共場所、大型廳堂陳設，也可用做鮮切花。其壽命
之久，為眾花之首。

　　大花君子蘭（圖2）即中國君子蘭的原始種屬，是
1828年前後，在南非的德拉肯堡山脈中發現的。這個品種
花大，向上開花，顏色非常鮮豔，有朱紅色或深紅色，所
以有的人又稱它為紅花君子蘭，具有較高的觀賞價值。

　　大花君子蘭於19世紀30年代從南非傳到歐洲。在美
國、德國、丹麥和比利時等國種植栽培過程中，培育出大
花、寬葉矮生型等品種。

　　1943年在南非的德蘭土瓦省又發現了一種有莖君子
蘭。此外，日本有關資料還介紹了君子蘭的一個變種，它
葉片較狹長、下垂或呈弓形，顏色深綠，其花顯黃色或橘

黃色，具有較高的觀賞價值。

　　君子蘭的命名，是美國植物學家約翰‧林德萊根據得來的植株標本及觀察材料，按照國際上植物命名的法規，於1828年用拉丁文給垂笑君子蘭正式命名的，這是君子蘭屬中命名最早的品種。中國著名生物學家賈祖璋編著的《中國植物圖鑒》（1936年版），將君子蘭定名為劍葉石蒜。

　　遼寧省的瀋陽、鞍山、旅順、大連等地稱大花君子蘭為達木蘭，這種叫法目前在當地還較為普遍。因為遼寧一帶認為這種花是丹麥傳教士帶入中國的，由於譯音關係，把丹麥蘭說成了達木蘭，故得此名。

　　君子蘭在19世紀中期（1840年後）由德國人帶入中國，當時，只在青島法租界作為觀賞植物栽培。1931年後，日本的村田把君子蘭作為珍貴花卉送給了偽滿洲國的皇帝。直到1945年後，君子蘭才流傳到民間，並贏得了廣大人民群眾的喜愛。

　　開始，君子蘭的品種並不多，只有大勝利、和尚等品種。現在，君子蘭在廣大園藝工作者、花卉愛好者的精心栽培下，已培育出了160多個品種。我們相信君子蘭在成千上萬個辛勤園丁的培育下，定會佳品迭出。

（一）君子蘭的觀賞價值

　　君子蘭作為觀賞花卉，既不像牡丹那樣富麗華貴，也不像茉莉那樣香氣襲人，更不如月季那樣婀娜多姿，而是以花葉俱佳，葉、花、果並美博得了人們的喜愛。

　　各色君子蘭欣賞：

圖3-1　紅花君子蘭

圖3-2　橙紅君子蘭

圖3-3　橙花君子蘭

圖3-4　橙黃君子蘭

圖3-5　黃花君子蘭

圖3-6　白花君子蘭

圖3-7　間色君子蘭

圖3-8　綠花君子蘭

圖3-9　黃綠花君子蘭

　　「觀葉勝觀花」，君子蘭的葉片剛勁挺拔，蒼翠清秀，一年四季油潤碧綠，廣大君子蘭愛好者用來鑒別君子蘭優良品種的八條標準，葉片幾乎占了七條。君子蘭愛好者都知道，一盆葉短、寬、厚、亮、直立、頭圓、脈紋明顯突起的君子蘭，不用看花，就能定為優良品種。

　　君子蘭葉美花更美。挺拔的花莛，一箭即可開出小花幾十朵。君子蘭為傘形花序，其美麗的花朵像一簇小喇叭，向四周吹著田園交響曲，十分惹人喜愛。

　　君子蘭的漿果色彩多變，未成熟時皮色與葉色相似，成熟時變為赭紅色或紅色。果實形狀豐富多彩，有圓形、菱形，也有橄欖形、扁圓形等多種。

　　更可貴的是君子蘭的花期，可從10月一直開到次年

5～6月，一個花序最長可開2個月左右，尤其是隆冬季節，北國城鄉冰雪蓋地，草木凋零，花事寂寥，而君子蘭卻在新春佳節前後競相開放，恰逢親朋好友互相走訪的時機，它那肥大密集的綠葉和火紅的花朵，使人倍感賞心悅目，溫暖祥和。

目前，栽培君子蘭已成為廣大群眾業餘愛好的一個方面，成為人們美化生活、陶冶高尚情操的一個部分。今後隨著園林科研工作的不斷進步，君子蘭的栽培和選育工作將會取得更大的成就，君子蘭將以更加豔麗奪目的姿態出現在群芳爭妍的百花園中。

（二）君子蘭的實用價值

君子蘭葉態優美，高潔端莊。開花時綠葉、紅花相映，花色絢爛，儀態雍容，具有較高的欣賞價值。君子蘭作為常綠植物，不但可以點綴居室，裝點廳堂，佈置會場，豐富人們的精神生活，而且透過蒔養，還可以鍛鍊身體、陶冶情操，使人們得到美的享受。

君子蘭葉片寬厚，葉面氣孔大，由光合作用釋放出的氧氣是一般植物的許多倍。更讓人稱心的是，君子蘭在夜裡也不吐出二氧化碳。

同時，君子蘭能吸收煙霧，保持室內空氣清新，所以又被稱為綠色的「家庭氧吧」。

二、君子蘭的形態特徵

（一）君子蘭的根

君子蘭的根為地生和水生肉質根，不分支或少分支（圖4），一般有70～80條，根長可達20～40公分，直徑為0.5～1.1公分。新根為乳白色，老根為灰白色。在正常的情況下，新根1年可生長10公分以上。在疏鬆的土壤中，根伸入土壤可達40～50公分。在盆栽條件下，根多呈

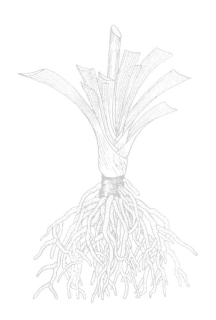

圖4　君子蘭的根

彎曲狀。將根做成橫斷面切開，放在光學顯微鏡下觀察，可以看到，維管束數量較多，有利於吸收貯水，說明具有抗旱的特點。觀察根的縱截面，可以觀察到新根表面根毛較多，厚壁組織層較厚，根堅固。粗壯發達的肉質根可以保證君子蘭能夠很好地吸收水分，並能對不良的環境條件有較強的適應性和抗逆性。君子蘭根的頂端由根冠、分生區、生長區和根毛區4部分組成。

（二）君子蘭的鱗莖

君子蘭為短鱗莖，成齡君子蘭經過多年栽培後其莖可長達10公分左右。鱗莖的外部包圍著很厚的角質層，角質層以內為表皮層，在表皮層的組織中，細胞和維管束較多，合理地分佈和排列在鱗莖內。莖上密生葉片，從葉腋抽生花葶和腋芽，並由葉柄集合而形成假鱗莖（圖5）。

在顯微鏡下觀察莖的橫切面，其維管為周木維管束，木質部在周圍，韌皮部在中間，被很多的細纖維包圍著，

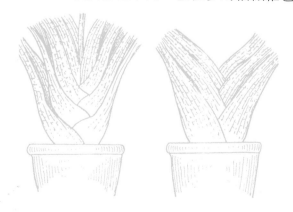

圖5　君子蘭的假鱗莖

莖幹能貯藏養分和水分。這是單子葉植物的一個特點：即輸送養料的篩管在中心，吸收水分的導管在外面。維管束多，分散排列，這是具有較高水準進化的標誌。

君子蘭的莖屬縮短莖，其上密著互生單葉，在葉腋間抽生花序或腋芽。地上部分見到的是由葉鞘集合而成的「假鱗莖」。假鱗莖的大小、整齊度、造型等，決定了君子蘭的觀賞價值。君子蘭的假鱗莖分為扁體的元寶形、圓柱體的塔形和介於兩者之間的楔形。一般公認元寶形的為上品。

（三）君子蘭的花朵

1. 花朵構造

君子蘭的花為傘狀排列的有限花序，因其頂端的花先開，又稱傘狀排列的聚傘花序（圖6）。花朵是由花莛、

圖6　君子蘭的花序

總苞片、花柄、子房、花瓣、花蕾六大部分組成。花的主
要功能是繁衍後代。

　君子蘭單個花朵為漏斗形兩性花，不具有小苞片。正常
花有6片花瓣，分內外兩層，呈覆瓦狀排列；內層3片大，
外層3片小（圖7）。各花瓣端部分裂，花開時伸展；花瓣
基部聚合形成短花筒。花瓣顏色因品種而異，但一般為橙色
或橙紅色，也有鮮紅色品種，各花瓣端部色深基部色淡。

　雄蕊6枚。花絲著生在花瓣連接成筒的喉部，約為花
瓣的等長，頂部肥大的花藥與花絲呈「丁」字形著生。

　花朵中央，有雌蕊1枚。花柱長，一般呈淺黃綠色，
伸出花朵之外（圖8），實為自然形成防止自花授粉的有

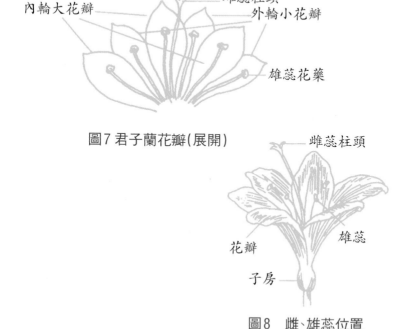

內輪大花瓣

雌蕊柱頭

外輪小花瓣

雄蕊花藥

圖7 君子蘭花瓣（展開）

雌蕊柱頭

花瓣

雄蕊

子房

圖8　雌、雄蕊位置

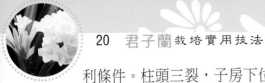

利條件。柱頭三裂，子房下位，一般為綠色。

2. 開花習性

君子蘭是由多花組成的傘形花序，花序著生在粗壯花葶的頂部。花葶出自靠近中央的葉腋，一般高出全株之上。成齡植株正常情況下生出一枝花葶，生長發育苗壯的植株也可能生出2枝到3枝花葶。

一個花序少則十來個花朵，多則可能有三四十朵。花序中部的花朵先開，逐漸向外成對陸續開放。每個花朵能持續開放一二十天，隨當時環境溫度而有增減。整個花序平均可維持四五十天的花期。

（四）君子蘭的果實

君子蘭的果實為漿果，其花一經受粉，便相繼完成受精過程。子房壁逐漸增厚長大，形成果皮，果皮包裹著種子，果皮和種子統稱為果實。

君子蘭子房中有三室，室間一層薄膜相隔，胚珠順子房壁排列於膜胎座上，先生於子房軸上，受精後各室胚珠開始膨大，逐漸形成種子。果實多呈球形、扁圓形、長圓形、菱形及不規則形狀（圖9-1）。種子在子房中經過8～9個月的生長時間，果皮才能由綠變紅，果實內的種子才能成熟（圖9-2）。

（五）君子蘭的葉片

君子蘭的葉片扁平光亮、常年翠綠，有直立生長的習

椭圓形　　球形　　倒卵形　　長圓形　　菱形　　扁圓形

圖9-1　君子蘭的果實形狀

圖9-2　君子蘭果實

性。葉片、葉鞘兩部，叫做不完全葉片。葉片著生於短縮的根莖之上，劍形、互生，排列整齊，呈扇形。葉全緣，葉緣平滑，個別品種葉緣帶有小齒（為垂笑君子蘭）。葉

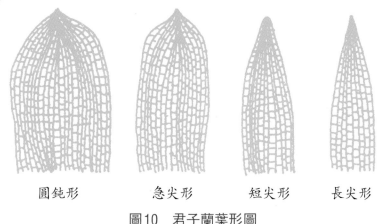

|圓鈍形|急尖形|短尖形|長尖形|

圖10　君子蘭葉形圖

尖因品種而異，可分為圓鈍、急尖、短尖和長尖等類型（圖10）。

1. 葉的形態

葉片按形態可分為直立型、斜立型和垂弓型3種。

直立型，葉片直立向上生長，尖端略微向外傾斜，有剛健之美；斜立型，其葉片從葉莖以上1/3或1/2向外斜出生長，有輕柔之美；垂弓型，葉片由下而上逐漸向外彎曲，尖端下垂，構成彎弓型，有曲線之美。

葉片頂端一般呈圓形，使人一看便感到純厚圓潤，富有曲線美。

2. 葉脈形狀

君子蘭葉脈平行，多數品種葉脈明顯，少數品種葉脈不明顯。葉脈有凸起、平滑之別，有些品種橫豎脈均明

顯，呈「田」字形。

3. 葉片顏色

君子蘭葉片的顏色，可分為綠、深綠、淺綠3級。葉面光澤度可分為無光、暗光、光亮和油亮4種。新長出的葉片為嫩綠色，葉片在植株體上生長3～5年後，逐漸變為老綠色，隨之衰老而最後脫落，這是正常現象。如果管理不善，過早脫落，就要查明原因，採取防治措施。

4. 葉片的長與短

君子蘭葉片長短隨品種而異。按葉的長短可分為短葉種、中葉種、長葉種。短葉種一般在30公分以下，中葉種一般在30～50公分，長葉種一般在60～80公分。

按葉的寬度，可分為窄葉種、中寬種、寬葉種和超寬種。窄葉種葉寬3～4公分，中寬種5～7公分，寬葉種8～10公分，超寬種可達12公分以上。

5. 葉的構造

君子蘭的葉片厚實挺拔、直立，葉面扁平，左右兩側對稱排列，具有較高的觀賞價值。它的葉片由表皮、葉肉、葉脈組成。

三、君子蘭的生物學特性

　　君子蘭生長發育與生態環境關係極為密切。構成這些環境的土壤、溫度、水分、光照、空氣和養料等的好壞，是君子蘭能否正常生長的重要條件。

　　君子蘭的不同生長發育階段，對自然界中的各種要素要求是不一樣的。因此，在栽培君子蘭的過程中，必須根據各個不同生長發育階段的具體要求進行管理，才能夠使君子蘭按人們的觀賞要求，進行正常的生長發育。

（一）君子蘭對土壤的要求

　　由於君子蘭原產南非亞熱帶的森林中，所以適應於森林腐殖土。這種土壤疏鬆、肥沃（含有植物生長、發育所需要的各種元素），保濕性、保肥性、透氣性都好，適宜君子蘭生長發育的需要。

　　盆栽君子蘭常用的土壤有馬糞土、腐葉土、田園土等。

1. 馬糞土

　　馬糞土是鮮馬糞經充分發酵後過篩而成。其做法是：每年春季過後，將鮮馬糞裝入溫床，踩實。在馬糞入溫室前檢查其含水量，含水量以手握成團，但沒有水滴出為

宜。在踩實的鮮馬糞上蓋一層10～15公分厚的營養土或河沙，將溫床封閉，經7～10天開始發酵，床內溫度隨之上升。當年9月下旬至10月下旬上凍前將發酵後的馬糞起出，此時馬糞呈褐色，過篩後，即是馬糞土。

作為盆栽君子蘭的馬糞土，必須摻入粗河沙或爐渣，按容積計算比例為：馬糞土：河沙或爐渣=（100：20）～（100：30）。

2. 腐葉土

植物的枝葉經過微生物分解發酵後，加入土壤能促使黏土疏鬆、沙土黏結。

製法是將各種雜草、落葉、枯枝、綠肥、圈土、骨粉或過磷酸鈣等層積於避風向陽處，上蓋一層表土，經發酵漚制而成，因腐殖質多，土質疏鬆，通氣良好，營養元素齊全，呈弱酸性反應，可直接用來培養君子蘭。

3. 田園土

這是指經過多年種菜或種植農作物的表土，摻入垃圾、落葉、廐肥、秸稈等並經過堆製和高溫發酵而成。最好是挖取種過菜或豆科農作物的表層沙壤土，這類土壤都具有相當高的肥力，並且有良好的糰粒結構，是調製君子蘭培養土的原料之一，但不能單獨使用。

用田園土做營養土時，要摻入粗河沙或爐渣，或摻入落葉鬆葉。用田園土配製的營養土通透性不如森林腐葉土和馬糞營養土。

不論使用哪種營養土，在栽培前一定要測定營養土的pH。pH接近中性方可使用。南方菜園土、稻田土的pH多為5.5～6.5，適宜種植君子蘭。

（二）君子蘭對養料的要求

君子蘭在生長發育過程中，除需要氮、磷、鉀、碳、氫、氧、硫、鈣、鎂等大量元素外，還需要銅、錳、鋅、鉬、硼、鐵等微量元素。否則，生長發育受阻，首先表現在葉片上，即葉片顏色出現異常。如果缺乏大量氮元素，其葉片的葉尖變黃；缺乏鎂，葉片變黃、窄長。微量元素缺少或不能被君子蘭吸收利用，則生長不良；如微量元素過多，又會引起植物中毒。因此，君子蘭在栽培過程中必須隨時觀察生長情況，及時給以補給或調整肥料，以保證其正常的生長發育。

大量元素又稱礦物質元素，在營養土中是以化合物形式存在的。各種礦物質元素透過施肥和灌水供給植株，有一些礦物質元素來源於大氣。因此，營養土通透性非常重要。各種礦物質元素的化合物都應能溶於水。

盆栽君子蘭所需的養料來源主要是靠施肥，肥料以有機肥為主。常用的固態有機肥料有發酵的餅肥，為豆餅、豆粕、麻子餅、菜子餅、棉子餅、葵花子餅；油料種子肥，為蓖麻子（大麻子）、線麻子（小麻子）、芝麻、葵花子等；此外還有骨粉、淡水魚魚鱗和內臟，以及各種動物蹄角粉，如馬蹄、牛蹄、豬蹄等。

常用的液態肥料有餅肥發酵水、大豆發酵水、芝麻發

酵水、酸牛奶水、洗淡水魚的水、動物蹄角水。

　　家庭或溫室內施用肥料以油料種子肥為好，施用時可結合換土、鬆土、換盆同時進行，一般作基肥比較合適。施肥時可把盆內營養土扒開，將油料種子肥埋入或將營養土倒山，把油料摻入營養土中。

　　油料中肥料大的要搗碎施用，如蓖麻子，小粒的炒熟，搗碎施用或炒熟後直接用，因炒熟後，在營養土中不會發芽。油料肥無味，不污染居室，不影響人體健康。因此花諺有「三追不如一底」「年外不如年裡，年底不如垵底」的經驗，特別重視施足基（底）肥。

　　固態肥料一年可施兩次，做基肥用，也就是在君子蘭兩次生長高峰前施用：春季在開花後期，秋季在果實成熟後期。施用肥料時，注意不要將君子蘭的肉質根直接接觸肥料，以免固體肥料「燒」傷根部組織。輕者可傷害根部組織，影響生長發育；重者可將根部組織「燒」死，以致全株死亡。

　　由於固態肥料肥力來得慢，為了儘快發揮作用，可以施用液態肥料。液態肥力來得快，但肥力短，在一年內可多次進行施用。液態肥料施用的原則：少量多次。

　　施用液態肥料可視營養土中缺少什麼元素，施用什麼元素。肥料可結合灌水進行，要做到大肥必須大水。因施肥不當或灌水不及時、水量不足，會造成植株生長發育不良。「以水調肥，以水控肥」的施肥方法要視營養土的有效成分（大量元素與微量元素）而定，要視植株的大小和生長情況而定。

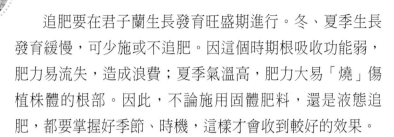

追肥要在君子蘭生長發育旺盛期進行。冬、夏季生長發育緩慢，可少施或不追肥。因這個時期根吸收功能弱，肥力易流失，造成浪費；夏季氣溫高，肥力大易「燒」傷植株體的根部。因此，不論施用固體肥料，還是液態追肥，都要掌握好季節、時機，這樣才會收到較好的效果。

（三）君子蘭對水分的要求

君子蘭為肉質根，適應性較強，有一定的抗旱性。將君子蘭幼苗從土中拿出放於室內，3天也不會乾死。

根據觀察，土壤濕度在30%左右、空氣相對濕度在80%左右栽培較為適宜。

土壤水分正常時，根系為乳白色，生長粗壯。土壤水分過大，根呈黃褐色水浸狀，根系處於窒息狀態，影響氧氣的吸收，造成爛根，進而整株死亡。土壤水分過少，長期處於乾旱狀態，根系發育受到影響，自下而上形成乾枯狀，影響水分和養分的吸收。可見，君子蘭對土壤中的水分和空氣濕度的要求也是比較嚴格的。

（四）君子蘭對溫度的要求

君子蘭喜歡溫暖涼爽的氣候條件，生長適宜溫度為15℃～25℃，開花適宜溫度為15℃～20℃；10℃以下生長受抑制；可以耐短時間的0℃；超過30℃易徒長，影響觀賞。

溫度是影響君子蘭葉片的重要條件，當溫度過高時，葉片細長、色淡、葉片薄，影響整個株形的美觀。在一般

圖11　不同溫度下葉片生長情況

管理條件下，由於不能完全控制溫度，所以一般夏季生長的葉片較長、較窄，冬、春季生長的葉片較短、較寬，在一個植株上往往形成長短葉的交替生長（圖11），並可由此來判斷植株的年齡。因此，在栽培中要獲得優美勻稱的葉形，夏季要控制溫度，需要經常通風、遮陽或噴水降溫。溫度對花期也有很大的影響，溫度過高，花期較短，夏季開花一般只能維持10～20天，而在溫度適宜的冬、春季開花可維持30～40天，但這也並不說明溫度越低越適於開花。從實踐中觀察，開花最適宜溫度為15℃～20℃，在此溫度下開花正常，花色鮮豔。如果花蕾期溫度在10℃以下，則花蕾不易開放。開花後放於較低溫度下雖然能持續

較長時間，但花色較淡。

在栽培中，常用持續低溫的辦法來延長花期。在生產實踐中，也可以透過人工控制溫度使花期提前。具體方法是當花葶開始抽出時，增加底溫，保持25℃～30℃；加大肥水，以加快花葶抽生速度，可提前7～10天開花。從實踐中觀察，君子蘭植株在8℃以下時停止生長，處於休眠狀態，君子蘭的休眠屬強迫性休眠。因此，如溫度適宜，君子蘭一年四季都可以生長。

為了保持葉形的美觀，使其生長均勻，我們還可以透過人為控制溫度和水分的方法，適當抑制其生長速度。特別是在夏季高溫季節要降低溫度，防止其葉片徒長。而在冬季，室內溫度多為15℃左右，適於君子蘭的生長和開花，是君子蘭的開花盛期，此時君子蘭葉片肥厚，花朵豔麗，株形美觀。

（五）君子蘭的壽命

關於君子蘭的壽命，目前科學界尚無定論，但有資料介紹，君子蘭壽命可達20～25年。不過君子蘭一般花開5～6年後，長勢開始減弱。但偶爾也能見到30年以上的君子蘭，葉片老健蒼綠，尚能繼續開花。對於君子蘭愛好者來說，都希望能延長君子蘭的壽命。

決定君子蘭壽命長短除其本身生理特性外，還有很多客觀因素。經驗證明：要想延長君子蘭的壽命，必須從以下幾個方面著手，主要措施有：

1. 加強管理

保證水肥供應。一棵君子蘭如果連續幾年開花結實，自身養分消耗極大，特別是出芽結籽較多的成年君子蘭，「體力」消耗更大，管理上如果不能保證充足的水肥供應，勢必導致植株營養不良，未老先衰；如果能及時加強管理，給以充足的養料供應，就會相對延緩其衰老過程。

2. 促進老株復壯

把一些衰老的肉質根和老葉摘除，過長的衰老劣根還可切去一段，換盆換土後使植株在根莖部分重新生根，然後精心培育，不用多久，老株仍能生機勃勃，繁花似錦。用這種方法復壯的君子蘭不僅延長了壽命，而且還可以保持品種的特性。

3. 減少授粉次數

君子蘭開花後可不授粉或少授粉，使其不結實或少結實，這就會促使植株減少消耗，健壯生長。

（六）君子蘭的肉質根數和葉片數

有人說君子蘭地上部有幾片葉，地下也有幾條根，真的是這樣嗎？這話有一定道理，但也不完全對。

一般說來，當年生幼苗和一年生的君子蘭，其肉質根數和葉片數目是相對的，即地下有一條根，地上有一片葉。但二年生以上的君子蘭，根和葉的數目就不相同了，總的趨勢是根多葉少。有時能看到具有上百條肉質根的君

子蘭，但很少看到超過40片葉的君子蘭。

　　根莖還有一個特點，即根的再生力極強。當根系腐爛後，即使完全無根，但只要有一個光頭根莖，只要處理得當，經過一定時間後，光頭根莖仍可長出新根。因此，君子蘭愛好者常用這個特性，使爛根君子蘭煥發生機，恢復生長。

（七）君子蘭的「胎生」現象

　　人們一談到「胎生」，就認為是動物界繁殖上的事，其實，植物也有「胎生」現象。如南美洲的佛手瓜，南國海邊的紅樹，都具有這種現象。令人瞠目的是君子蘭也具有「胎生」現象。

　　前不久，筆者觀察一棵垂笑君子蘭結的兩個果實漸呈紫紅色，剝開果皮果肉，只見裡面的種子已長出肥壯的胚根，約1.2公分長。更有趣的是一張綠色小葉片已突破胚芽挺出，長0.7公分。由於果皮限制，根和葉呈彎曲狀。剝開另一顆果實，同樣的景象呈現眼前。

　　據分析，這種現象的產生可能是因果實成熟後未及時採收，內部的種子得到漿果肉中的水分而萌發。由此可見，君子蘭的種子無休眠期，而君子蘭在原產地自然生長時，很可能也有「胎生」現象。

四、君子蘭的品種選擇

1. 君子蘭株形大小與名品選擇

君子蘭株形大小不是鑒別名品的標準。因為君子蘭株形大小會隨著擺設環境和用途不同而各放異彩。一般來說，公園、會場、賓館等公共場所擺設的君子蘭株形大一些，顯得美觀大方；而家庭窗前、几案上則適宜擺放株形較小的品種，顯得玲瓏可愛。

現在長春一些短葉品種君子蘭（圖12）之所以受到廣大花卉愛好者的歡迎，原因就在於此，但也有喜歡長葉君子蘭的（圖13）。

2. 君子蘭的花朵與品種優劣

一般君子蘭愛好者都喜歡花大色豔的君子蘭，其花冠有外捲形花冠（圖14）和匙形花冠（圖15）兩種形狀。花冠的顏色則以朱紅（黃技師、春城短葉等）、鮮紅（光亮和尚、大老陳、青島大葉、大勝利、小勝利等）、美人蕉橙（圓頭短葉、和尚短葉、小和尚、油匠等）、草莓紅（花臉、和尚、光板和尚、貢占元和尚等）、蓮花橙（染廠、西瓜皮、小白菜、小油匠）等為優良品種。

另外，有的君子蘭花瓣在陽光照射下金星閃閃，更是優良品種的特徵。

圖12　短葉君子蘭

圖13　長葉君子蘭

圖14　花被向外翻捲　　圖15　花被向內呈匙形

3. 透過葉片鑑別君子蘭品種優劣

君子蘭培養4～5年才開花，如果不看花，只觀葉，可以鑑別君子蘭品種的優劣嗎？答案是可以的。有經驗的君子蘭愛好者主要依據以下幾條經驗進行鑑別。

（1）看脈紋

君子蘭葉脈隆起，粗而稀。從直觀感覺，可分為隱脈型、平顯脈型、凸顯脈型三大類。視脈紋凸出程度，有平滑和隆起之別。視脈紋形式有梯格紋和龜板紋兩種。

看脈紋，通常以葉片縱紋隆起，有的可高達1.5毫米以上，橫脈紋明顯且間隔很寬，左右基本對齊，呈「田」字格形的為名品；橫脈紋明顯，間距較寬，但左右交錯不齊，只能呈「日」字格形的為上品；橫脈明顯但間距窄的為中品；看不到橫紋的為次品。

（2）看葉寬

指的是看葉片的寬度。葉寬10公分以上為名品，8～9公分為上品，6～7公分為中品，5公分以下為次品。

（3）看長寬比

葉的長寬比在4：1左右為名品，（5～6）：1為上品，7：1左右為中品，8：1以上為次品。

（4）看葉姿

葉片左右對稱，排列整齊，側看為一條線，正看為扇面，葉姿向上成45°直伸，上下長短一致，為名品；斜角略大，50°左右，葉片長短相差不太大，為上品；葉片長短不一，為中品；葉片毫不規則，為次品。

（5）看葉尖

一般來說葉端圓鈍，略有突尖，尖端向上反扣為上品；葉端突長，尖端向下反扣為中品；葉片自中部向上漸窄，先端漸尖且下垂為次品。

（6）看亮度

指的是葉片的光澤。其中有蠟亮、微亮之分。蠟亮最佳，油亮稍差，微亮次之。

（7）看厚度

厚，是指葉片的厚度。葉片肥厚，呈皮革狀，一般厚度達2毫米以上者為上品；葉片肉質鬆軟而薄者為下品。

4. 透過種子鑒別君子蘭品種優劣

目前，透過種子來鑒別君子蘭優良品種尚無統一標準。不過，一般君子蘭愛好者認為，果實大、發亮的比發

暗的好；收口處有明顯凸起的比不凸起的好；子粒飽滿、胚眼又凸出的比子粒小、胚眼模糊的要好。

從種粒的形狀看，名種春城短葉、大勝利、小勝利、黃技師、金絲蘭的果實是圓形的；圓頭短葉、和尚短葉、染廠、和尚、光板和尚、花臉、圓頭、西瓜皮、小油匠、小和尚、抱頭和尚、貢占元和尚、青島一星的果實為卵圓形的；而光頭和尚、青島大葉、小白菜、短葉、油匠、大老陳的果實則呈橄欖狀。

5. 培養高檔品種的君子蘭

培養高檔品種君子蘭一般可採用以下3種方法：

（1）是掰芽繁殖（即無性繁殖）

經驗證明，成齡君子蘭只要種養得法每年都可能從根部分生出1～5個芽子，這種芽子掰下後，分盆栽植，基本上可保持優良母本的形態和特性。

（2）是透過雜交授粉（有性繁殖）

經驗證明，君子蘭子代形狀的形成主要受父母本的影響，所以培育繁殖高檔品種的君子蘭最好要養一株優良母本，待其射箭開花時，再選擇適當的君子蘭作父本為其授粉，就會得到大批（一株有200粒以上）高檔品種花籽，其中至少可選育出1/3的理想幼苗。

關於用什麼品種的花進行雜交更合適的問題，目前尚無成熟的經驗，但以下幾點還是很有參考價值的：

①從形狀上看，用葉的長寬比低於3：1的君子蘭做父母本進行雜交，子代容易出「短葉」品種；

②如果母本葉比較長，選擇「短葉」品種做父本，子代容易出「短葉」；

③如果母本為短葉品種，一時又找不到合適的父本，也可採用自花授粉，以保持「短葉」的特性；

④如果葉片顏色比較深，最好找葉片顏色比較淺的君子蘭做父本，這樣容易出「花臉」，反之亦然；

⑤從品種上看，在長春有人用「黃技師」與「和尚」雜交育出了「花臉」，用「勝利」與「和尚」雜交育出了「短葉」，用「和尚」與「染廠」雜交育出了「圓頭」，用「圓頭和尚」與「黃技師」雜交育出了「抱頭和尚」，這些經驗都可供參考。

（3）是採用組織培養法

組織培養是在人工控制的環境條件下，透過體細胞分裂分化增殖的，可以保持原有植物品種的優良性狀。在國內外都有成功的經驗，只是技術比較複雜，當前尚難推廣。

6. 培養觀賞水準高的君子蘭

君子蘭是一種適應性很強的盆栽花卉，但許多人的經驗證明：養活一棵君子蘭和養好一棵君子蘭完全是兩碼事。一位養蘭能手可以把一棵普通品種的君子蘭養成葉片「正視如開扇，側視一條線」具有較高觀賞價值的花；相反的，一位沒有經驗或不精心的養蘭者也可以把一棵高檔品種的君子蘭養得葉片七扭八歪、寬一片窄一片、長一片短一片。

怎樣才能把一盆君子蘭養成具有較高觀賞價值的佳品

呢？一般來說，必須注意以下幾個環節：

（1）調整好採光方向

影響君子蘭葉片整齊的主要因素是陽光，為了保證君子蘭葉片長得整齊美觀，最好將君子蘭按垂直於向陽窗的方向擺放，如果窗臺太窄，也可按平行於向陽窗的方向擺放，不論哪種擺法，每隔7～10天都要調整180°。

（2）做好水肥管理

導致君子蘭葉片長短和厚薄不一的主要原因是水肥管理不均衡，君子蘭常常處於「餓」一頓「飽」一頓的狀態。這就必然造成葉片或寬或窄，或厚或薄。所以給水施肥應定時，不能過多也不能過少。

（3）換土要及時

經驗證明，一棵君子蘭長勢如何和土壤關係極大。君子蘭喜疏鬆、透氣性好的中酸性土壤，在長春用腐葉土、馬糞土、爐灰渣、河沙按3：3：2：2的比例配製營養土效果最好。如果一年春秋兩季各能更換一次營養土，對君子蘭生長就更為有利。而如果一盆君子蘭一年、兩年都不換一次土，就很難長得勻稱、健壯、美觀。

（4）調好溫度

君子蘭長勢與溫度關係極大。君子蘭在5℃～30℃都能成活，但成活不等於生長良好。經驗證明，在10℃以下生長緩慢，基本上不生長，而在28℃以上又會發生徒長，所以溫度如果忽高忽低，勢必導致君子蘭葉片長一片短一片。此外，要君子蘭射箭開花，最好晝夜保持7℃～10℃的溫差，否則就不利於它新陳代謝功能的進行，很難按時

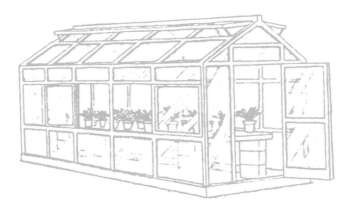

圖16　微型溫室

射箭開花。

（5）保持一定的濕度

有的人養的君子蘭葉片光澤度不理想，看不到「臉」，主要原因是濕度不夠。如果把君子蘭養在窗臺上，一定要及時噴水、灑水，或建微型溫室（圖16）、木箱溫室等，以提高君子蘭的小環境濕度。

7. 良種選購

優良的君子蘭種子播種後，在水分、溫度、空氣條件適宜時，播種後發芽和出苗率可達98%以上。因此，蒔養者都想選擇良好的種子來播種。那麼，在選購時怎樣鑒別發芽力強的君子蘭良種呢？

（1）結籽時期要適宜

君子蘭的正常花期多在1～4月份。這是君子蘭生長的旺盛季節，此時所孕育的種子具有充實、飽滿、抗逆性強

等多種優點。這部分種子多在9～11月份成熟，一般出芽率高，可以選購。

有些君子蘭母株因某種因素的影響，花期延遲到5～7月份。由於氣候條件逐漸不利於君子蘭生長，多數生長速度開始減慢，有的蕊被迫「休眠」。即使有些植株此時開花，因自身生長不旺，選配授粉株有困難，而且不少花粉因發育不良而產生敗育現象。這部分種子多在12月至翌年2月份成熟，這個時期所孕育的種子發芽力較弱，不及早期開花的種子。因此，選購種子時，應選早期開花、入秋成熟的種子，有助於提高播種出苗率。

（2）母株性狀要優良

在購種時，最好能看到母株，如能見到授粉的父本更為理想。一般父母本生長健壯、無病蟲、抗逆性強並具有較好的觀賞效果時，其種子發芽力較強，苗株性狀良好。

（3）發育要完全

有些君子蘭種子雖已成熟，卻因某些原因而影響了發育。例如，有的種子無明顯胚孔，還有一些因授粉親和力不強，以及個別自花授粉所產生的種子，往往不易出苗或苗勢很弱。因此，在選購時，最好逐籽觀察，選優去劣，對提高播種出苗率會有好處。

8. 君子蘭小苗的選擇

家庭君子蘭愛好者，常從花市上購買小苗，所以鑑別品種的好壞在購買時很重要。下面主要從脈紋、葉褲、葉片、肉質根和「盤頭」5個方面來介紹。

（1）看脈紋

有些名品可從小苗的脈紋上看出，為「和尚」的豎紋寬，橫紋為三長一短。豎紋越寬、橫紋間距越大，越為上品；黃技師的豎紋寬，橫豎紋呈大「曰」字形。

（2）看葉褲

葉褲即緊挨著葉子莖部的小胎葉。葉褲寬、扁、厚、亮、硬、呈倒梯形，而且葉褲上豎紋寬、勻稱、上下一致的小苗，一般為上品。

（3）看葉片

葉片勺狀、頭圓形，而且寬、厚、亮、色澤淺綠，黑筋黃地，脈紋凸起者為上品。

（4）看肉質根

扁者為好，圓柱形的為中、下品。

（5）選「盤頭」苗

就是選同株的君子蘭子粒，同期播種，在種植條件相同的情況下，選先出土的小苗。

君子蘭小苗的選擇也要因品種而異，如黃技師第1片葉並不太寬，看起來較薄，頭形也尖，但只要色澤淺黃，正反面脈紋凸起、葉扁、色澤光亮的小苗，成齡後也多為佳品。

9. 短葉君子蘭的選育

人們在選育君子蘭的過程中，往往對君子蘭授粉結籽感興趣。有些人在授粉過程中，有目的地配製雜交組合，結籽，培育出新株，這對於發展君子蘭新品種起了一定的作用。

　　君子蘭在不同的家庭環境中能夠得以生長，就是君子蘭在自然選擇過程中，對家庭環境的適應能力。這種適應環境的特性，是能夠遺傳給後代的。

　　君子蘭在雜交過程中，既有遺傳性，又有變異性。變異性使君子蘭有可能產生出適應新環境的新品種；遺傳性使君子蘭有可能產生出適應新環境的新品種；遺傳性又能使新的特性鞏固下來。幾十年來君子蘭在遺傳、變異這些規律的作用下，出現了許許多多的君子蘭栽培品種，它們與生長環境逐漸適應。君子蘭同種的每個品系或同種間有著同一的特性。如現在的花臉和尚往往帶有純種「黃技師」和「大廟和尚」的若干性狀。

　　君子蘭的性狀組合是要用心設計的，正如孟德爾所說：「任何試驗的價值與用途決定於材料是否適宜於它所用作的目的。」

　　試驗要求君子蘭既要有穩定的自交的子代，又要有雜交的變異和容易區分的性狀，此外，還要求早期成株，開花。據試驗，在栽培過程中，每當花期，都需要進行雜交育種觀察，如「技師×和尚」、「和尚×技師」、「大橋老陳×技師」、「大勝利×技師」等。

　　實踐證明：子代的性狀遺傳是很明顯的。葉的高矮和葉基的長短沒有明顯變異，都具有雙親性狀。這些品種在原有的品種中，都是顯性的。如「技師」的葉片，表面亮，脈紋凸起。先端尖。「和尚」的葉片，先端圓，呈勺狀，脈紋呈泡紗狀。這些植物的種子，都能培育出雙親性狀的後代。

　　在選用「小勝利」做母本，用「和尚」做父本進行的

相對性狀雜交中，結果發現，子代得六苗，其中有四苗葉莖高的、先端較尖，兩苗葉基矮的。兩苗矮的中，有一苗葉片窄而直立，脈紋不夠明顯；而另一苗，先端圓。葉片厚而硬，葉短，成株後葉片可達8.5×30公分，假鱗莖短，脈紋小而整齊。這就是現在君子蘭界中被人喜愛的短葉。

20世紀70年代，人們以短葉為基礎來發展君子蘭的新品種。短葉這個品種的出現，給君子蘭的雜交育種工作帶來了希望。

據瞭解，廣大君子蘭愛好者都渴望在自己家的窗前、桌上，有幾株葉短的、花臉的、形態美的、株形端正的、香型的、花朵鮮豔、顏色多樣的君子蘭。

怎樣才能獲得這些形狀優美的君子蘭呢？

首先，在選種中，一定要考查「母本」或「父本」的前代性狀是否適合於用來繁育新的品種。為選用短葉與短葉雜交，即短葉×短葉芽生或短葉×自交籽生。子代會產生接近純種的短葉，我們稱這種短葉叫隱性純種，也就是隱性基因遺傳的。這樣的自交遺傳，短葉性狀比較穩定。但也有那麼一小部分出現了前代的某些性狀。

自交的子代，因為它是接近純種，只能產生一種配子，它只有隱性基因。因此這種配子和雜交種的任何顯性和隱性的配子結合時，都能讓它們表現出來。

舉例說明。甲例：以雜交的「和尚」（派生和尚）做母本，以「短葉」做父本的子代，短葉性狀的實生苗，約占實生苗總和的70%。因為雜交的「派生和尚」是「技師」×「和尚」的子代的選種。

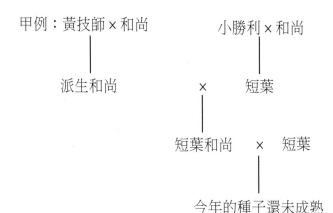

甲例：黃技師 × 和尚

派生和尚

小勝利 × 和尚

短葉

短葉和尚　×　短葉

今年的種子還未成熟

乙例：如以雜交的「派生圓頭」做母本，以「短葉」做父本的子代，短葉性狀的實生苗，約占短葉表現型的實生苗總和的70%。因為「派生圓頭」是「派生和尚」×「圓頭」的子代選種（據考查：圓頭品種來源於和尚的子代）。

乙例：黃技師 × 和尚

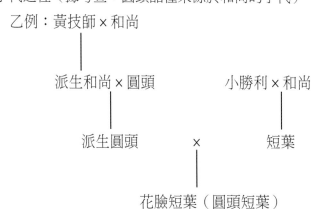

派生和尚 × 圓頭

派生圓頭

小勝利 × 和尚

短葉

花臉短葉（圓頭短葉）

　　兩組試驗證明：雜交育種中，的確同時存在著顯性基因和隱性基因。

　　用「短葉」做母本，以「派生和尚」做父本的子代，分離類型就和上兩例不同，顯性的約占多數。所以用哪個品種做母本或用哪個品種做父本，變異現象並不一樣。這

些實驗，只是在君子蘭雜交育種中反映出來的。透過觀察，不僅葉片有變異現象，花朵顏色也有變異。

從君子蘭的雜交育種中可以看出，由於存在著顯性和隱性的關係，遺傳下來的和表現出來的並不完全是一回事。如在甲例和乙例的實驗中，也出現了短葉品種。

從表現型看像短葉品種，我們叫它為短葉和尚（指甲例）。花臉短葉（俗稱圓頭短葉）（指乙例），它和親本短葉並不一樣，從表現型上看，它們好像相同，但實質上並不相同。

丙例：

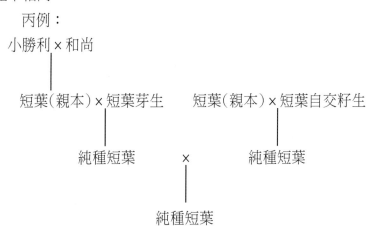

有時，也有這樣的情況：由於養分不足，或是病害、環境條件的影響，生長的植株從外表上看很矮小，就像短葉型一樣，但按照遺傳內容來看，它株形小，葉片短，可並不是短葉品種。

環境條件對表現型的改變和遺傳內容的變異是有區別的。為了區別這些關係，孟德爾使用了基因型和表現型兩個術語。基因型就是雜交、遺傳、變異的內容；表現型就

是基因型和環境條件相互作用的結果。相同的基因型，在相似的環境下，外表上是很相似的；而相同的表現型，卻不一定有相同的基因型。就拿甲例和乙例來說吧，它們子代選種的表現型，卻和短葉表現型相同，可是基因型卻並不一樣。那怎樣來區別某一株是否是基因型呢？我認為可從親本短葉後代的表現中看出來。

基因型是純一的自交的後代，能真實地遺傳，表現得很一致（丙例）。

表現型是雜交子代的自交後代，其性狀就會分離。例如：甲例實驗中，後代出現短葉新型品種，其自交後代會出現顯性性狀和隱性性狀。這樣的顯性性狀是遺傳甲例的某些性狀。變異的子代選種是進化的。現實型的新品種，我們叫它短葉和尚。

短葉和尚性狀表現是：葉片寬可達11公分，先端圓，勺狀，葉片厚，葉片表面亮，葉片顏色為翠綠色，脈紋整齊而凸起，豎紋間隙寬，脈紋清晰，紋地分明，葉片曲型直立生長，植株適中，葉片排列整齊，正面看為扇形；花期早，可在2.5～3年期間開花；比和尚原本抗病力強；上箭慢，一般都是邊開邊長箭，箭高適中；成齡後頭一次上花，花序一般都在20～26朵，箭柄粗壯，花朵鮮豔；果實呈長圓形，結籽多，籽成熟期為6～7個月。

甲例說明：顯性性狀在雜交育種、選苗中也是優良的品種，這樣的優良品種，也是進化品種。甲例中所介紹的是顯性性狀遺傳中變異性狀好的（有的愛好者也叫它花臉和尚）。

乙例是表現隱性變異的子代選種。在君子蘭愛好者中認為是進化的現實型的新品種，我們叫它花臉短葉或圓頭短葉。它的性狀表現是：先端圓，葉片厚，葉片表面亮，葉片翠綠色，脈紋深綠色，綠紋黃地紋地分明，脈紋清晰凸起，呈花臉狀，葉片直立生長，植株較小，端正，葉片生長排列整齊，葉基短，第一次看就像蠟做的一樣。這樣的君子蘭葉片有較高的觀賞價值，它集中了前代較多的優良性狀和前代所沒有的變異性狀，這樣多優良性狀的植株，據瞭解是不多見的。

　　君子蘭的一些新品種的出現，都是以短葉為親本做父本的結果。所以廣大君子蘭愛好者都熱心選用短葉花粉進行雜交，精心設計，試驗，觀察，育種，選苗，希望能培育出更多的新品種來。

五、君子蘭的主要栽培品種

　　中國作為觀賞的君子蘭原始品種有大花君子蘭和垂笑君子蘭，栽培歷史雖只有六七十年，但經過君子蘭愛好者的努力，已培育出許多君子蘭新品種。品種之多，質量之好，堪稱世界一流。目前常用的栽培品種有以下20種。

黃技師（圖17）

　　黃技師是長春君子蘭的主要品種。它是1961年由長春市勝利公園花卉技術人員用青島大葉做父本，大勝利做母本育成的。後經長春市生物製品所黃永年技師於1965年首先育成開花，人們就把這一優良品種稱為黃技師。

圖17　黃技師

黃技師的主要特點是：成齡植株葉寬可達9～12公分，葉長30～50公分，葉厚1.5～2毫米，葉色淺綠，葉面有光澤，直立挺拔，脈紋隆起，明顯呈「田」字格狀，花軸半圓形、粗壯。花開放整齊，花被片為鮮紅色，花被片基部呈金紅色，有閃耀的金星。子房也呈紅色。雌蕊柱頭三分叉也比其他品種長。果實呈球形，直徑3公分。葉片的長寬比由親本的6：1縮小到4：1，是君子蘭的最佳品種之一。

和尚（圖18）

和尚原為長春護國般若寺的和尚栽培，是長春君子蘭早期名品之一。其主要特徵是：葉色深綠，葉端呈急尖，葉寬8～13公分，長寬比為5：1。葉片斜立向兩面下垂，光澤度稍差，脈紋明顯但不凸起。花呈草莓紅或橙紅色，果實長圓形或菱形。20世紀60年代和尚開始被大量栽種，成為深受歡迎的優良品種。

圖18　和　尚

油匠（圖19）

　　油匠原是長春市一位工人師傅栽培的，也是長春君子蘭優良品種之一。其主要特徵是：葉鞘呈元寶形，葉色綠有亮光，葉片斜立，呈紡錘形，葉長尖，縱橫脈紋都明顯凸起，呈「田」字格狀，葉的長寬比為5：1，葉寬9～12公分，葉厚2毫米以上。花橙紅色，基部橘黃色，鮮豔，並有金星閃耀，被視為佳品。果實圓球形。此品種適於作觀展及家庭蒔養。

圖19　油　匠

染廠（圖20）

　　染廠因係長春市東興染廠陳國興收藏而得名。其主要特徵是：花為橙色，異常鮮豔。葉長50～70公分，葉寬8～10公分，葉厚2～2.5毫米，葉色深綠，葉片較薄，葉漸尖，脈紋不凸出。果實長圓形。染廠有個變種，突出的特點是葉片上有縱狀皺紋，人稱帶褶染廠。

圖20 染 廠

花臉和尚（圖21）

　　花臉和尚是和尚和黃技師雜交而成的，葉厚2毫米，葉片直立，葉尖漸尖，葉的長寬比為4：1。花朵大，直徑可達7～8公分。其主要特徵是：葉脈呈深綠色，葉片淺綠

圖21 花臉和尚

油光，隆起的深綠色脈紋呈「田」字格狀，如同整齊的棋盤，人們根據其麻臉狀的葉面和微圓的葉尖，給它起名叫花臉和尚。花色鮮豔為草莓紅，果呈卵圓形，直徑3公分，高2.5公分。

春城短葉（圖22）

春城短葉是長春君子蘭愛好者以圓頭和尚、染廠、黃技師、油匠、小白菜等反覆雜交而成。其中品種最好的是用黃技師與小圓頭雜交，然後再與黃技師回交的一代。這一品種的特點是葉短而寬，長寬比多為3.5：1左右，葉片直立挺拔、脈紋隆起，有梯格，葉色淺綠有光澤，葉急尖，脈紋明顯集中，花朱紅色，果卵圓形。

圖22　春城短葉

圓頭（圖23）

圓頭係和尚和短葉雜交而成。其主要特徵是：葉片直立，葉鞘呈魚鱗狀，葉的長寬比為4：1，葉長40公分，葉

圖23 圓 頭

寬9～10公分，葉色淺綠，脈紋凸出，有光澤，葉尖圓形，故稱圓頭。花呈美人蕉橙色，果實為卵圓形。

抱頭和尚（圖24）

抱頭和尚是從圓頭與黃技師的雜交後代中選育而成的。其主要特徵是：葉片內弓呈飯勺狀，葉端向中間抱合，故稱抱頭和尚。葉片直立、油亮，長寬比為4：1，脈紋凸出，明顯隆起呈梯格狀，葉端漸尖，花為橙色，果實為卵圓形。

大老陳（圖25）

大老陳是長春君子蘭的老品種。此品種葉長80～100公分，葉寬7～10公分，葉厚1.5～2毫米，葉漸長，葉色深綠，光澤差，脈紋稍突出。花朵大，色紅，花瓣長6公分，冠幅6公分。本品種最大特徵是植株大，葉長、直立，適於觀展，但不大適宜家庭培植。栽培量不大，在長

圖24　抱頭和尚

圖25　大老陳

春只作為原始保留品種。

和尚短葉（圖26）

和尚短葉是袁清林用和尚做母本，短葉做父本培育出

圖26 和尚短葉

來的，是長春市流行的名品之一。其主要特徵是：脖短頭圓，葉面有光澤、油亮，顏色有淺綠色、綠色和青筋綠地之分。脈紋明顯凸出，脈格呈長方形。花大而豔，花形為扇面，優雅而端正。果實呈球形。

花臉短葉（圖27）

花臉短葉是用兩種葉面顏色不同的短葉君子蘭遠緣雜交而成的。目前長春市花臉短葉品種多樣，形態不一，但只有具備青筋黃地或青筋綠地以及具有葉短、直立、光亮、脈紋凸起、株形端正等特徵才能視為正品。花臉短葉是目前長春君子蘭的最佳品種，觀賞價值較高。

勝利（圖28）

勝利是1945年東北光復時由滿洲國皇宮內流傳到民間的，為表示抗戰勝利，故稱勝利。其有兩個品系：

大勝利：葉長60～80公分，葉厚1.5～1.8毫米，葉的

圖27　花臉短葉

圖28　勝　利

長寬比為7：1，最寬可達8～9公分，葉綠色而無光澤，花大色紅。花朵直徑可達8.5公分，開花齊，果呈球形。

二勝利：又稱小勝利。株形較大，葉片寬、綠、直

立、亮度好。脈紋凸出。花序較高，花朵較大，呈鮮紅色，果實為卵圓形。

短葉（圖29）

短葉是長春市白金龍用小勝利做母本、和尚做父本培育出來的。

短葉的主要特徵是：葉短，先端圓。葉片有光澤、油亮、厚而硬，微有勺形翹起。假鱗莖短。脈小而整齊，主脈中等凸起，脈紋呈長方形，葉尖部脈絡呈網狀紋。整個花形為扇面，優雅端莊，但偏小，且色淡。果實呈球形。

圖29　短　葉

短葉和尚（圖30）

短葉和尚是用黃技師和和尚的雜交後代做母本，用短葉做父本培育出來的。葉片可達11公分寬，先端圓，葉面光澤如蠟，葉片為翠綠色。脈紋整齊凸出，豎紋間隙寬，紋路分明，排列整齊，曲形直立生長的葉片正看如扇面，

圖30　短葉和尚

優雅端莊。花大色豔，果實呈球形。

青島大葉（圖31）

葉鞘楔形，直立，葉片長70～80公分，寬8～10公

圖31　青島大葉

分,厚2～2.5毫米。葉片的長寬比為6：1,葉的頂端長尖形,葉色淺綠,下垂呈勺形,光亮,葉脈平滑;花序軸橫切面扁圓形,花瓣匙形,橘黃或鮮紅色,花冠張開8.2～10公分。漿果橄欖形。

鞍山君子蘭(圖32)

鞍山君子蘭是20世紀80年代中期遼寧省鞍山市君子蘭愛好者用日本蘭做母本,圓頭短葉和尚做父本進行雜交,再經過多年選育而成的君子蘭優良新品種。

主要特徵有:葉片的長寬比為(2～2.5)：1,圓頭、厚、硬、座形正,花序直立,花色豔麗,成株期短。種植後2～2.5年就能開花。耐高溫,適應性強,在37℃～39℃連續高溫下,仍能茁壯生長,並連年開花、結果,株形不變樣。這就解決了原有國蘭系列品種怕高溫的難題,適應於南方地區栽培。

圖32　鞍山君子蘭

橫蘭（圖33）

橫蘭是20世紀90年代鞍山君子蘭愛好者用日本蘭做母本、短葉圓頭做父本進行雜交培育而成的。

橫蘭葉片寬而短，如同一片葉子橫著生長，因此被稱為橫蘭，其葉片長12公分左右。寬11～12公分，厚2.5～3毫米，葉片的長寬比為（1～1.5）：1，葉的頂端圓或凹，微有勺形翹起；鞘亮，假鱗莖短；脈紋隆起、細小、整齊，脈紋長方形，油亮，葉色淺綠或深綠。花色豔麗。

橫蘭又有「長橫」和「短橫」之分。橫蘭喜高溫，適宜溫度是20℃～40℃，高於其他君子蘭10℃左右，適宜在中國南方熱帶地區栽培。

橫蘭端莊娟秀，造型典雅，具有較高的觀賞價值。實踐中多選用橫蘭做父本雜交培育優良新品種。

圖33　橫　蘭

雀蘭（圖34）

　　雀蘭是20世紀90年代後期瀋陽君子蘭愛好者從君子蘭的芽變中選擇培育而成的。

　　雀蘭葉頂有一急尖，似麻雀的喙（嘴），因而得名。葉片長15～18公分，寬8～10公分，厚3～4毫米，葉片的長寬比為1：1，株形小，葉層緊湊，脈紋突顯，紋理整齊，葉色深綠。花瓣金黃色，花序不易抽出，適合做父本雜交人工輔助授粉，授粉率高。雀蘭與長春蘭中品種雜交，子代在葉片方面都有一定程度的縮短，但葉的頂端急尖特徵仍出現。

　　雀蘭耐高溫，在40℃條件下生長正常，適宜於南方熱帶地區栽培。

圖34　雀　蘭

縞蘭（圖35）

縞蘭亦稱道蘭，即有各種顏色花道的君子蘭，是君子

蘭家庭中具有特異顏色的珍品。

縞蘭葉片具有數條黃、白條紋；黃、白、綠條紋；白、綠條紋；一半純綠，一半純白或黃色條紋。葉片長25～35公分，寬6～8公分，葉片的長寬比為4：1。脈紋不明顯，穩定性不強，喜弱光，生長慢，株形、座形不夠整齊，葉片厚、硬度差，人工輔助授粉率和結果率低。

目前，縞蘭與長春蘭、日本蘭、鞍山蘭、雀蘭雜交後，已出現綠、白、黃條紋清晰，圓、花、蠟、亮、蹦、粗筋、大脈檔、細膩、硬、厚的葉形整齊且又短又寬的優良形態植株。

另外，還有葉面由明顯金黃、淺綠、乳白、墨綠斑塊組成，每株葉片橫斑塊各異的曙斑縞蘭。

圖35　縞　蘭

日本蘭（圖36）

日本蘭是20世紀80年代末從日本引進的一個君子蘭

品種。

日本蘭株形端莊、緊湊，葉片對稱，排列整齊。葉鞘元寶形，假鱗莖短，葉片長28～38公分，厚2～3毫米。葉片的長寬比為2：1，葉的頂端卵圓，底葉微下垂，有疊壓現象，兩側葉片張開角大，葉色深綠或墨綠。花序細、短、直立，可著生花朵16～30朵。花色橙紅和鮮紅，單朵花大，花徑8公分以上。漿果橄欖形。耐熱、抗寒，可在38℃高溫或0℃低溫下生長，而葉片並不會徒長。

日本蘭抗逆性強，易蒔養，做母本有很好的改良價值。

用日本君子蘭同原有的國蘭系列中的圓頭和尚、短葉和尚、花臉和尚等進行人工雜交授粉，經過長期選育和穩定性栽培，最後產生了許多優良品種：由大株形產生中、小株形；由長狹葉產生短寬葉；由不耐高溫產生耐高溫，並且後代穩定性較強。

圖36　日本蘭

六、君子蘭的各期品種

　　君子蘭的早期品種，大多已經過時，甚至有些品種已被淘汰，中期品種和近期品種，又因為母本不一，授粉複雜，所以品種繁多，形態各異，因而不能一一介紹。

　　這裡僅把廣大君子蘭愛好者所認定和喜歡的幾個優良品種，以及和培育這些優良品種有關的幾個早期品種和中期品種的來源與特徵列於下表，供廣大君子蘭愛好者鑒別和選擇品種時參考。

早期品種

品名	品種來源	品種特徵
黃技師	母本　姜油匠 父本　大勝利 培育者　王寶林 （註：因原長春生物製品所技師黃永年蒔養該品種之一，因而得名）。	葉長50公分左右，寬8～10公分，厚2毫米左右，頭形銳尖形，葉面光澤如蠟或油亮，葉脈凸起而清正，脈絡呈長方形，花橙紅色，大而鮮豔，有金星閃耀，小花柄長6～7公分，果實球形。
染廠	原為東興染廠經理陳國興收藏，因而得名。	葉長45公分左右，寬9公分左右，厚1.5～1.8毫米，頭形呈平尖形圓頭，脈紋前後都凸起，但都鼓得不高，側脈斜而不正，葉面的光澤較差，顏色深綠色。花大色淡，果實灰色。

（續表）

品名	品種來源	品種特徵
和尚	因原為長春護國般若寺和尚朴明收藏，因而得名。	葉長45公分左右，寬9公分左右，厚1.5毫米左右，葉片先向下彎曲而又向上翹起，似蓮花形，頭形卵圓而有勺向上抱起，葉面光澤差，脈紋凸起較差，脈絡呈泡沙紋（有人叫龜背紋），顏色深綠，小花柄長3～4公分。

中期品種

品名	品種來源	品種特徵
短葉	母本　小勝利 父本　和尚 培育者　白金龍	葉長25～35公分，寬8～9公分，厚2～2.5毫米，脖短頭圓（呈重疊形），微有勺形翹起，葉片光澤油亮，主側脈中等凸起，脈絡呈長方形，葉尖部脈絡呈網狀紋，整個花形如扇面，幽雅而端正。花小色淡，小花柄長2～3公分，果實圓形。
張和尚	母本　和尚 父本　技師 培育者　貢占元	花形、葉形、脈紋、光澤都像技師，唯脈絡呈青筋綠地的凸顯脈紋，葉片下垂並有波浪形。
關和尚	母本　和尚 父本　技師 培育者　貢占元	葉長45公分左右，寬10公分左右，厚2毫米左右，葉尖呈急尖形圓頭，葉面呈青筋綠地的凸顯脈紋，光澤油亮，花大色豔，果實球形。

（續表）

品名	品種來源	品種特徵
劉和尚	母本　和尚 父本　技師 培育者　貢占元	葉長50公分左右，寬10公分以上，厚1.5～1.8毫米，葉尖呈急火形圓頭，脈紋凸起較差，葉面顏色深綠色，光澤如蠟。花大色豔，果實球形。
圓頭	母本　和尚 父本　染廠 收藏者　趙持元	葉長45公分左右，寬8～10公分，厚2毫米左右，葉尖呈平尖形圓頭，微有勺形翹起，葉面深綠色，光澤差，主側脈前後都凸起，但凸起的都不高，側脈斜而亂。花大色淡，果實球形。

近期品種

品名	品種來源	品種特徵
花臉和尚	母本　和尚 父本　技師 培育者　劉任鐸 收藏者　張文躍	葉長50公分左右，寬10～13公分，厚1.5～1.8毫米，葉尖呈急尖形（圓頭，葉面光澤如蠟，顏色淺綠，並呈青筋黃地的平顯脈紋，紋理不正。花大而豔，小花柄長5～6公分，實球形）。
短葉和尚	母本　和尚 父本　技師 培育者　袁清林	葉長30～35公分，寬9～10公分，厚2毫米左右，葉尖呈急尖形、漸尖形或重疊形圓頭，葉面光澤如蠟，顏色淺綠，並有青筋綠地的凸顯脈紋，脈絡呈長方形，整株花形如扇面，端正而幽雅。花大色豔，小花柄長6～7公分，果實球形。

（續表）

品名	品種來源	品種特徵
和尚短葉	母本　和尚 父本　短葉 培育者　袁清林	葉形和頭形類似「短葉」，但花葉略寬，葉面光澤油亮，顏色有淺綠色、綠色和青筋綠地之不同，脈紋凸起明顯，脈絡呈長方形。花大色豔，果實球形。
圓頭短葉	母本　圓頭 父本　短葉 培育者　陳殿武	花和葉的形態，類似「短葉」，而葉尖呈卵圓形或平尖形圓頭，主脈凸起較差，而側脈較「和尚短葉」凸起的明顯，葉面深綠色，澤油亮或微亮。
春城短葉	母本　春城 父本　短葉 培育者　白連春	葉形類似短葉，頭形漸尖形或急尖形圓頭，葉面顏色淺綠色，脈紋凸起較差，並呈青筋綠地的凸顯脈紋。花大色豔，果實球形。

　　總之，上述所列各品種，不論是哪個體系和哪種類型的優良品種，都必須在「光」「紋」「色」「形」四個方面佔有一定的比重，並有獨特之處，否則就不能劃到君子蘭優良品種的行列。

七、君子蘭的繁殖

（一）用播種法繁殖君子蘭

1. 選　育

實踐證明，用君子蘭同一株上的雄蕊花粉給雌蕊柱頭授粉或用在同一株繁殖出來的後代之間進行授粉都是近親授粉，不僅出苗率低，幼苗瘦弱，而且果實瘦小，品種越來越退化。只有實行遠緣雜交才能使君子蘭具有結實力強、長勢壯、發芽早的特點，而且可使君子蘭的優勢一代一代更集中更明顯。

君子蘭的選育應採用正在開花或即將開花的優良父本，即以植株矮小、生長規整，花大色豔，葉寬、短、厚、亮、色澤嫩綠、脈紋顯露的君子蘭為採粉對象。不能圖省事，輕易採用自花授粉法。選父本最好能弄清父、母本的親緣關係。「血統」關係能超過3代為最好。

2. 授粉時間

君子蘭開花後授粉是直接影響花籽產量和品質的一個大問題。什麼時候授粉，如何授粉，才能使君子蘭結籽最多呢？實踐證明，君子蘭花蕾半開、還沒有全開之前授粉最為適宜。因為君子蘭花蕾在半開之後，會分泌出一種黏

液，花全開之後不久這種黏液就會消失，爭取在花蕾半開時機授粉，會使授上的花粉被充分地吸收，這樣才能多結籽。

　　君子蘭的正常花期，一般都在冬季和春季，但此時需用人工授粉的辦法，把花粉取下來，然後用針或細的東西，蘸上花粉，點在雌蕊上。必須注意在雌蕊頂上的3個小叉中間，一定要點上粉。有的人直接拿著雄蕊往雌蕊上點，這也可以。夏季開花的，因為天氣炎熱乾燥，會使雌蕊的黏液消失得更快，這時就要使君子蘭周圍的環境保持濕潤，不能接受陽光直射，不可讓風吹，要多澆水，這樣才會使黏液保持的時間長一些。夏季君子蘭開花最好實行早期人工授粉，即花蕾剛要張開或花蕾吐孔後，用人工將花瓣張開進行人工授粉。有的人在君子蘭開花時不敢澆水，認為多澆水會使花朵過早敗落。其實不然，在君子蘭開花時應比平時多澆一些水，這樣水分充足，才能使花蕾生長和開放得更加茂盛，營養充足，才能多結籽。

3. 授粉操作

　　根據實踐觀察，君子蘭開花後2～3天，花粉呈黃色顆粒狀，很容易取下。此時花粉成熟度好，最適於授粉。授粉時可用鑷子摘下花藥或直接取下花粉放於玻璃皿內。可將花藥摘下插入裝有濕泥的小瓶內備用。花藥放於陰涼處可以保存一週時間。柱頭分泌黏液為授粉時期，可用毛筆或帶橡皮的鉛筆等物直接蘸取花粉授於雌蕊柱頭上（圖37），也可用鑷子夾住雄蕊直接與雌蕊柱頭接觸進行授

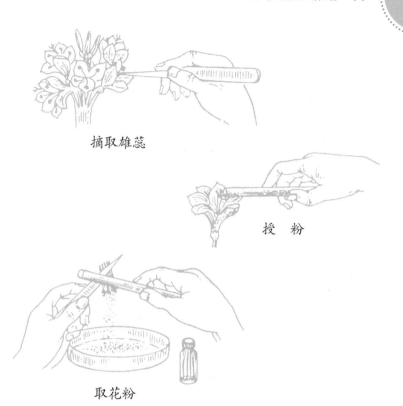

摘取雄蕊

授　粉

取花粉

圖37　授粉方法

粉。為保證品質，第二天應再重複做一次。授完粉後掛上標籤，以防出錯。

　　授粉具體時間以上午8～10時為好。由於一個花序上每朵花開放時間不同，要分次授粉，不要遺漏。授粉時，要掌握好品種，切不可將不同品種的花粉混在一起，造成混亂。實踐證明：同株花粉進行授粉，雖然也能結籽，但不如異株授粉種子飽滿，生命力也不是很強。君子蘭從開花算起，約經10個月的時間種子成熟，收穫後即可播種。

4. 君子蘭授粉後的管理

君子蘭授粉以後，要注意觀察生長情況，應該在不同花朵的花柄上掛好標籤，以便證明今後種子的親緣關係。牌上要注明父本名稱、授粉時間、授粉次數。一般授粉以後，花朵很快凋謝（比未受精之花早謝4～5天），10天後，子房明顯膨脹，兩個月後，直徑可達1.5公分，受精不完全者子房發黃後脫落。

君子蘭在結果過程中，養分消耗增多，特別是雙蓮、三莛的植株消耗的養分更多。要想保證受精母株健壯生長，必須精心管理，每週澆一次含磷、鉀的液肥，要加強光照，讓植株光合作用得以順利進行，滿足種子生長發育的需要。授粉後的管理是一項非常重要的工作，它直接影響著種子的品質和數量。培養管理得好，種子顆粒肥大、飽滿、量重、色澤光亮、胚乳乳白，所含營養物質豐富，對幼苗生長也極為有利。

5. 種子採收

君子蘭授粉後，繼續完成受精過程，10天左右子房壁逐漸增厚，2個月後直徑可達1.5公分。由於品種的不同，果實常呈現不規則的圓形、橢圓形和倒卵形等。經8～9個月，果實由綠色變為赭紅色或紅色，用手輕輕一捏，果實很硬，並能發出沙沙聲，說明果實已經成熟，這時可將果穗從花莛中間剪下來（圖38）（不要從根上剪花莛，因為花莛殘莖在水中易腐爛，為防止爛根，要及時把剪口流出的分泌物擦乾），用繩綁上倒懸（圖39）於通風透光處，

將花葶的上半段用剪刀剪去。剩下部分變成茶褐色後就可以拔掉。

用手指捏住花葶中央向側前扳，就可以折斷並拔除花葶。

圖38 除花葶

圖39 繩綁倒懸果穗

經10～15天後熟果呈深紅色時，即可剝掉果皮將種子取出，裝入紗布袋內。由於授粉效果的不同，每個果實中所含種子數目會大不相同，多者10～25粒，甚至可達30～40

粒，少者僅1～2粒。

君子蘭種子的水分較大，不宜長期保存，最好採下3～5天就播種，不然時間長了種子會乾癟，種子芽眼會萎縮，出苗率將顯著降低。如果因客觀原因必須拖延播種期，應將種子置於10℃低溫、濕潤、背光處保存。

6. 播　種

（1）選種與催芽

君子蘭種子成熟後，要先從果柄上剪下來，繫於室內通風處後熟10～15天，然後將種子剝出，選籽粒飽滿、健壯無病的種子裝入木箱或布袋中，以備播種。同時，將發育不好、過小或有病的種子淘汰。

播種有兩種方法：一是先催芽後播，二是直接播種。先催芽後播種的優點是可以淘汰不發芽的種子，有效利用營養面積，保證出苗整齊，苗全苗壯。催芽方法是將種子放在洗淨的河沙中，溫度保持20℃～25℃。河沙要濕潤，經半個月左右即可出芽。出芽後，播於木箱或花盆內。

另一種催芽方法是將要播種的種子盛於適當溫度的容器內，將沸水涼至40℃左右時倒入容器內，種子接觸水分後立即吸水，這時水中微起一些小水泡，說明種子已經開始吸水。種子經過浸泡，種皮和胚乳逐漸軟化、膨脹，一般經過24～36小時，即可將種子取出稍晾一下，然後播種。一般經過這樣處理過的種子，15～20天就能生出胚根。

直接播種比較省事，但在移苗時需要選苗。

（2）播種季節

君子蘭的播種時間應根據當地氣候條件和君子蘭的生長習性來決定。如溫度、光照條件合適，一年四季都可播種，但東北地區多在11月份至翌年1～2月份播種。

（3）播種容器

君子蘭小苗的根粗而直，可用一般栽培花盆播種（圖40）（深度小於10公分的淺盆均不適宜）。播種容器的大小還應視播種量的多少而定。用木箱苗床，應以人工便於搬動為佳。如用花盆育苗，一般應用口徑大於15公分的盆，否則盆土易乾燥。

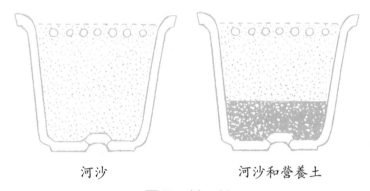

河沙　　　　　　　河沙和營養土

圖40　播　種

木箱苗床：用高10～20公分，長20～40公分，寬為10～15公分的木箱作苗床。木箱苗床適合使用鋸末培養基。製作時，可先在木箱底層放一層厚為1公分的爐渣，爐渣上面平攤鋸末，厚為7～8公分，然後將木箱在地上輕輕振動幾下，使鋸末基質落實，用木板刮平即可浸水使

用。

　　花盆苗床：用直徑15～30公分，通氣性能好的泥瓦淺盆，底部要有排水孔，用瓦片反扣，再將育苗培養土上盆。可根據種子的多少，選用大小適中的花盆。一般直徑在15公分左右的花盆，可播種20～40粒種子。花盆選好後，按照上述要求填放土壤基質，以低於盆沿2公分為限，裝好後，也在地面輕輕振動幾下，讓土壤落實備用。

　　（4）播種用土

　　播種用土以根據不同功用分層鋪設較為理想。

　　播種盆底必須要有分佈均勻保證通暢的排水孔。鋪土前用拱形瓦片蓋好（圖41），然後鋪設排水層。它的功能是保證上部多餘的水分及時排出盆外，同時又不使土層土壤流失。排水層用料可以是碎石礫、粗砂礫以及篩出的粗粒土團等。鋪設厚度為2公分，至少將孔上所扣瓦片填擠平齊或稍加覆蓋。

　　在生產中，有人在播種盆底部放入碎盆渣，認為這樣

河沙

營養土

粗砂礫

拱形瓦片

圖41　播種盆

可以淋水，通透性好。但從實踐中看，這樣做會因下部空隙過大，熱氣直接上升，容易燙壞種子。

在排水層上鋪設一層營養土，厚度為4～5公分，使出苗後幼根伸入至此層時得以吸收營養。因為是幼苗，營養土不宜摻入過多肥料，以腐葉土及河沙等量混合均勻即可。森林表層腐葉以及腐熟兩年的牛馬糞可以代替腐葉土，混合過篩再加少量骨粉或過磷酸鈣即可使用。

最上一層是播種層（圖42），用精洗過的純淨河沙鋪在營養層上，0.5～1公分厚即可。這一層是為了保持適當濕度和良好的通氣性，以利種子發芽。

各種播種盆的規格和播種粒數見表1。

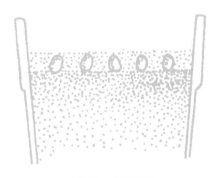

圖42　播種層

表1　播種盆規格和播種粒數

播種盆規格(寸)	播種粒數
4	20～30
5	30～40
6	40～50

（5）播種方法

君子蘭播種，要根據種子的多少，選用大小合適的木箱或泥瓦盆，按照播種的各項要求，填好培養土，便可進行播種。因為君子蘭種子顆粒大，操作時，可用手把種子一粒一粒地點播在苗床內，注意種胚朝一側向下放在培養土面上，種子株行距為2公分左右。播後用純淨的河沙覆蓋，厚度為種子顆粒直徑的2～3倍較為合適。

覆土後要浸一次透水，將播種容器浸於較大的水盆或水槽中，使水從容器底孔緩緩浸入，並透過培養土毛細管的滲吸作用，使水浸至播種層。

如浸水不便，可用細噴壺澆透。比較簡便的辦法是在鋪播種層之前先澆透水，緊接著鋪沙播種。覆蓋後再用細噴壺將沙噴透，最好用噴霧狀噴壺（圖43），可以避免將種子沖亂。

播種噴水後用一塊玻璃將容器蓋好（圖44），以保持容器內的濕度和溫度。當容器內外溫差較大時，玻璃下面

圖43　噴　壺

圖44　玻璃蓋容器

容易形成露滴，每天可將玻璃蓋翻轉一次，以免露滴落下砸壞種子。為了避免因陽光直射而影響出苗，玻璃蓋上可放兩張板紙或一張牛皮紙遮陽。

（6）播種後的溫度

君子蘭播種後溫度保持在20℃～25℃最有利於發芽。溫度偏高雖然發芽較快，但幼苗容易徒長；溫度偏低，種胚活動受限制，時間長了容易爛種。溫室播種保持室溫當然沒有問題，一般家庭住房播種則應採取相應措施，否則難以維持適宜溫度。

家庭有管道暖氣設備的可以利用。但播種容器底部不宜直接接觸暖氣片，在暖氣片上應墊上木板或硬紙板後再置放播種容器；冬季室溫低又無取暖設備的住房，可以自製底溫播種器（圖45），簡便而效果良好。

圖45　自製底溫器

用增加底溫的辦法。保持溫度時，應注意兩件事：第一要注意澆水噴水以維持濕度；第二要注意播種土層的溫

度不能過高，特別要注意不要出現夜間溫度高於白天溫度的現象。

　　君子蘭播種後，發育比較緩慢，從發芽到長出第1片葉子需要近兩個月的時間。如發育正常，20天左右可先生出胚根，40天生出胚芽鞘，約60天自芽鞘中生出第1片葉子（圖46）。生出胚芽鞘後應接受日光照射。同時，一方面注意噴水以保持沙質的濕度，另一方面把玻璃蓋墊起以留出縫隙，以通風透氣。當第一片葉子從芽鞘長出時，胚根已伸入營養層中，吸收水分及營養物質。

　　上部新葉進行光合作用，幼苗生長快時，應及時去掉玻璃蓋，加強噴水，保持濕潤和空氣濕度。大約經過3個月的時間，即可移苗上盆。

　　（7）幼苗移植

　　移植可用小盆，也可用木箱。株距為3～4公分。家庭

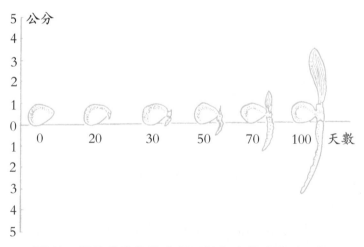

圖46　種子萌發後的生長日數與生長高度的關係

栽培小苗，可用15公分左右的小盆移植，一般每盆3～4株，移植用的培養土可比播種時稍肥些，但仍應以富含腐殖質為主。可用2～3份腐葉土或森林腐葉土與1份河沙配合，用充分腐熟的牛馬糞按上述比例配合亦可。混合過篩後加入少量骨粉及充分腐熟的餅肥。裝盆時下設排水層，上鋪培養土，稍蹾幾下使土落實即可移苗。

　　移苗時，先將盆土平整，然後用木棍或竹棍在整平的營養土中扎孔，每扎一個孔，將君子蘭的幼苗根（圖47）輕輕插入孔中。這個時期的幼苗有一條肉質根（個別幼苗有兩條根）。此時的肉質根脆，種子沒有乾癟，其內尚有一定量的營養物質供給幼苗，在分栽時，不要折斷或損傷根，更不要碰掉尚未乾癟的種子。如果折斷根或損傷根，

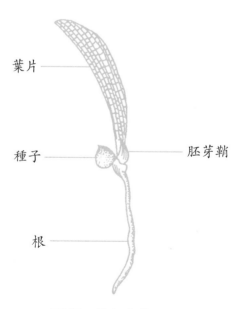

葉片

種子　　　　　　　　　　　　胚芽鞘

根

圖47　當年生苗

則要單獨栽植養護。

　　播種量較多時，幼苗會出現壯弱不一、長短不齊的現象，應調整分類移植。這樣，既利於幼苗生長也便於對弱苗的精心養護，對個別不成樣的壞苗應及時剔除淘汰。移植時要使幼苗朝向一致（圖48），以便放盆時接受均勻光照，不同品種要按播種時的標籤分別移植。

圖48　移苗後葉片方向

　　移植以後，幼苗株體迅速增大，當再次發生擁擠現象時，則應再次進行移栽，透過移栽加大株行距，使君子蘭幼苗得到合理的營養空間。當幼苗長出2～3片真葉時，即可定植，每盆1株。這個時間較長，大約要經過1年。

　　（8）苗期管理

　　君子蘭在苗期最好進行一次抗性鍛鍊，適當地控制澆水。經過鍛鍊後的君子蘭苗，生長敦實，表現為葉片寬、硬、厚、堅挺，有光澤。另外，要適當控制溫度。花諺云：「低溫育壯苗」。苗期的君子蘭，因數株在一個盆內，盆較小，每株小苗的營養面積小，特別是在夏季，天氣熱，蒸發量大，盆內營養土易乾旱，一天要澆一次水；

陰雨天氣相對濕度大，蒸發量小，視盆內營養土的乾旱程度，可2～3天澆一次透水（盆底排水孔有水流出）。在冬季，君子蘭泥盆要移到室內（亞熱帶地區除外），主要的管理工作就是澆水和控溫，根據盆內營養土的乾濕度，一般3～5天澆一次水，每次澆水要澆透。

　　君子蘭在苗期，待幼苗種子乾癟之後，要追施液態肥。施肥量視液態肥原液濃度而定，通常加15～20倍的水後施用。施液態肥要掌握少量多次的原則，每隔10～15天施1次。君子蘭的苗期通常要經過1～2年，苗期是生長發育的主要階段，這一時期的管理直接影響君子蘭成熟的時間。管理技術水準高，滿3年就可以長出20餘片葉，並且開花、結實。在大苗期，君子蘭生長特快，植物體所需要的各種營養元素也會相應增加。因此，進入大苗期的君子蘭在春、秋季節應換兩次盆，結合換盆要施基肥。

　　每年春、秋兩季是君子蘭的生長高峰期，應每隔10～15天追施一次液態肥。君子蘭大苗期間，要施大肥、灌大水，滿足君子蘭生長發育對營養元素的需要。透過上述管理，幼苗經1年精心培育，少則可生3～4片葉，多則可達5～6片葉（圖49）。

圖49　滿一年生君子蘭

（二）用分株法繁殖君子蘭

1. 做好分株前的準備

君子蘭分株前，必須做好準備工作。首先準備好切削刀和消毒用具。對切削刀要進行嚴格消毒，比較簡便的辦法是，將切削刀在磨刀石上面快速乾磨，摩擦可以去掉鏽垢，並產生高溫，還可有消毒作用。磨後要用乾淨紗布把刀擦抹乾淨，準備使用。同時，要準備好花盆，以排水良好、疏鬆透氣又無病菌為選擇標準。分株前還應做好兩種基質的準備：

一是純沙基質，即普通的河沙，先用細篩將沙內粉末篩掉，並將過大的石粒揀去，然後用清水淘洗乾淨，再用開水沖洗消毒，晾乾後備用。實踐證明，河沙基質是分株苗催根的優良基質，對於幼苗的分栽、成活，都非常有利。

二是森林腐葉土，這種酸性土壤含有多種營養元素，適宜栽培帶根切離母體的幼苗。用這種基質培育分株苗，一般緩苗幾天後分株苗就能恢復生機，很快地利用自己的根系，從基質中吸收水分和養分健康生長。

此外，分株前還應準備好木炭粉和維生素 B_{12} 藥液。木炭粉用於對傷口進行乾燥和消毒，維生素 B_{12} 用於塗抹處理母株和子株的傷口。這些工作做完後，即可進行分株栽培。

2. 分株時間

分株時間一般以春、秋兩季較多，多在採種後、開花前進行。如果有溫室設備，一年四季都可進行。這時上述

地區溫度一般都在15℃～25℃，氣溫比較穩定和正常。秋季分株要儘量早一些，以便切離母體後的新株有一個較長的生長期。

一般到9～10月份，君子蘭果實已基本成熟，為了下一年開好花，往往要進行秋季翻盆換土，使植株在第2個旺盛生長期獲得足夠的養分。在翻盆的同時，可取其腋芽繁殖。究竟是春季分株好還是秋季分株好，這還要根據子株的大小來決定，最好是以腋芽帶根的為好。

3. 分株方法與培育

君子蘭發芽後，在只生出3～4個葉片前不要動它，待生出5～6片葉時就可以進行分株。分株時，要視其腋芽的生長位置，來確定取芽的方式，如從上面看到腋芽與母株體的著生部位可扒土掰芽；如腋芽深埋土中，就得翻盆取芽。通常取芽多用掰取和切取兩種方法。

（1）掰　取

君子蘭腋芽著生在母株假鱗莖和根莖連接處。小苗鱗莖外露時的操作方法是：左手握住母株的假鱗莖，右手捏住子株的假鱗莖的基部輕輕一掰（圖50），就可以將子株掰取下來。手掰取苗時，不論小苗帶根與否，對子株的生長發育及成活率的影響不大。

分株後，要及時在母株和子株的切口處塗抹維生素B_{12}藥液，然後用木炭粉或細爐灰進行傷口乾燥和消毒處理，以防止植株體內組織液過多地流出。

圖50　掰　取　　　　　圖51　切　取

（2）切　取

有的腋芽和母株生長結合面寬，同時腋芽緊貼母株，可用刀切。操作時，左手握住母株體的假鱗莖，右手持刀在子株與母株著生點最小結合處下刀（圖51），最好在好下刀的部位一刀切下；不好下刀的地方留下用手掰取。

（3）分株苗培育

分株苗上盆，營養土深度以埋住子株基部假鱗莖並能穩固株體為準，注意子株與沙粒密切結合，對因澆水而傾倒的子株要隨手扶直，放在20℃～25℃的溫度下，使其經常保持濕潤，經30～50天就可以長出新根（圖52）。子株出根後，就可以移入花盆，三年就可以開花。

對有些分株苗，由於子株無根，栽培後植株站立不穩，栽植時可用帶皮的金屬導線做一固定架，幫助小苗站立（圖53），一般經過一個多月的培育，便能順利地長出新根，此時可撤去固定架。

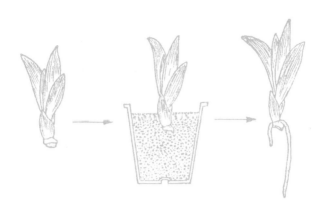

圖52　催　根

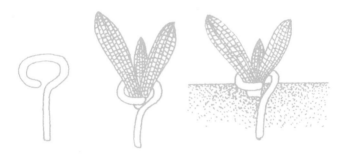

圖53　分株固定架

（三）組織培養繁殖

　　君子蘭組織培養繁殖是把植物體組織、細胞放在培養基上培植，而生出大量的新個體來。用這種方法繁殖的花卉品種優良。

　　組織培養繁殖是現代最先進的花卉植物繁殖技術，近年來不少花卉工作者，已開始用這種方法繁殖出君子蘭、菊花、康乃馨、蘭花等很多名貴花卉的優良品種花苗。

　　君子蘭的組織培養過程，從材料選擇到試管苗移栽大體可分為如下幾個階段：材料的選擇、培養前的消毒處理、癒傷組織誘導培養、癒傷組織繼代和擴大培養、芽的分化培養、展葉培養、根的分化培養和試管苗移植等。

　　君子蘭的組織培養，除了需要一定的溫度、光照外，還必須有一種適合它生長發育的培養基。培養基中包括：無機物中的碳、氫、氧、氮、磷、鉀、硫、鈣、鎂、鐵；微量元素中的硼、錳、鋅、鉬、銅、鈷和碘等；有機物質中的維生素 B_1、維生素 B_2、煙酸、蔗糖；生長調節物質，如激動素（KT）、6-苄氨基嘌呤和玉米素（ZT）等；植物生長素中的吲哚乙酸、萘乙酸和 2，4-D 等。

　　培養基的種類很多。現在世界上公認的有 HE 培養基、EK 培養基、B_5 培養基、MS 培養基等。根據北京、昆明、長春等園林科研機構長期試驗和反覆比較的結果，認為 MS 培養基是快速繁殖君子蘭的一種優良培養基，其中無機鹽和有機活性物質比較齊全，配方科學合理，適於君子蘭的離體培養。

　　用組織培養法繁殖出的新植株帶有親本的全部優良特性，尤其是在花卉植物的快速繁殖方面顯示出許多優越性。組織繁殖還表現在繁殖工廠化、成本低等方面。當中國君子蘭組織繁殖工廠化時，家養君子蘭的優良品種來源就不會那麼困難了。

（四）無土栽培

　　無土栽培君子蘭是一項園藝新技術。它突破了傳統的

土壤栽培方式，為在人工條件下大量進行君子蘭商品的生產，開闢了新的途徑。

無土栽培君子蘭的技術核心主要由栽培基質、營養液和栽培管理3個基本要素組成。

1. 無土栽培基質

無土栽培基質由具有一定保水和保肥能力、透氣性好、化學性質穩定的一些非土壤性的物質所組成。迄今，人們常使用的培養基質可分為液體基質（如水等）和固體基質兩大類。固體基質又可分為無機基質（如沙、爐渣、陶粒、礫、岩棉、珍珠岩、蛭石、矽膠等）和有機基質（如鋸末、草灰、草炭、稻殼、樹皮、聚氨酯、聚苯乙烯等）。在實際操作中，主要根據栽培方法和栽培對象來選擇栽培基質。

據報導，採用盆栽無土栽培方法時，對於君子蘭種子，可選用河沙、爐灰渣、煤渣、珍珠岩等作為栽培基質；對於一年生的君子蘭苗，則可選用珍珠岩、草炭、蛭石、陶粒等。

2. 營養液

無土栽培植物生長發育所需的絕大部分營養物質，均由人工配製的營養液提供。營養液是根據不同植物生長發育的需要而配製的，它主要由水和可溶性無機鹽以及有機物組成。

目前市場上銷售的無土栽培和君子蘭專用營養液要按

規定倍數稀釋。通常配製營養液濃度為 2%～3%。營養液成分為氮、磷、鉀、鈣、鎂、鐵、錳、硼、鋅、銅、鉬、硫等的無機鹽類。

（1）營養液配方

①大量元素。其用料與用量按下列所示：

磷酸銨	4克	硫酸鎂	6克
硝酸鉀	6克	硝酸鈣	10克
磷酸二氫鉀	2克	硫酸鉀	2克

②微量元素。其用料與用量按下列所示：

硫酸亞鐵	150毫克	乙二銨四乙酸二鈉	200毫克
硼酸	60毫克	硫酸鋅	10毫克
硫酸錳	40毫克	鉬酸銨	4毫克
硫酸銅	2毫克		

③自來水或井水 10 公斤。

（2）混合配製

將大量元素與微量元素分別配成溶液，然後混合起來即為君子蘭營養液。

（3）pH 調整

君子蘭營養液一般用自來水或井水配製，pH 應為 6.5 左右。如 pH 不適合要進行調整。pH 偏低，即偏酸，可加入適量氫氧化鈉校正；如果偏高，即偏鹼，就應加入適量硫酸校正。

3. 栽培管理

無土栽培管理主要是控制好營養液的補給時間和補給

劑量，以防止由於營養液供給不足影響植株的正常生長發育，或由於營養液過量而引起傷苗和營養液的浪費。在君子蘭種子的無土栽培管理過程中，種子萌發前可不施加營養液，而只適當淋灑一些清水，以保持種子萌發時所需要的濕度，

因為君子蘭種子帶有貯藏大量營養物質的子葉，其中所含的養分足以滿足種胚自身生長發育的需要。

當種子長出綠葉、發出新根時，則可適量補給營養液，每週補給一次即可。隨著幼苗的生長，可不斷增加施用劑量，以滿足幼苗的發育要求。

對於盆栽一年生的君子蘭幼苗，每週應施加營養液1～2次，每次施用量為70～100毫升。

另外，在君子蘭無土栽培期間，還應注意進行清潔護理，或用棉絮蘸水擦拭葉片表面的灰塵，或用清水噴洗花苗和培養基質，以沖洗表面灰塵。君子蘭經清水噴洗後，要及時補加新營養液。

八、上盆栽植

　　君子蘭原產地的土壤為森林腐葉土，土質疏鬆、保肥、保水、通氣性能都好，非常適合君子蘭的生長。要養好君子蘭就要配製接近原產地的營養土，接近原產地的營養土要富含腐殖質，物理性狀好，蓄水能力強，保水性好，並且排水透氣、質地鬆軟，如腐葉土、泥炭、爐灰渣、河沙以及馬糞、牛糞、骨粉等都可利用。最好能根據其不同生長階段，採用不同的配製方法。

　　1. 當年苗培養土的配製

　　馬糞土3份、腐葉土6份、河沙或爐渣灰1份，這種土壤是以馬糞和腐葉土為主，故稱君子蘭腐葉土。它肥效高、透氣、疏鬆，有利於幼苗的生長。

　　2. 滿1年苗培養土的配製

　　馬糞土5份、腐殖土3份，腐葉土1份，這種土壤以馬糞土為主，所以稱為馬糞土。它不僅養分充足，而且疏鬆透氣，非常適宜君子蘭第2年生長的需要。

　　3. 滿2～3年苗培養土的配製

　　泥炭土5份、腐殖土3份、馬糞土2份，這種土壤是以

泥炭為主，所以稱為泥炭土。但在配製這種培養土時，應根據君子蘭生長發育的實際情況，增加適量的骨粉等。

4. 成齡君子蘭培養土的配製

馬糞土5份、腐葉土1份、腐殖土4份，同時還可以適當增加磷、鉀肥料，以滿足君子蘭孕蕾、開花和結實的需要。

河沙透水性、透氣性好，土壤不板結。沙土中含有鐵、鎂、鈣、硫、銅等元素。這些微量元素是君子蘭生長發育不可缺少的。

爐渣灰透水性、透氣性、含水性好，並易發暖。同時含有磷、鉀等，能促進植株根部發育，使根粗苗壯。

馬糞土和腐葉土含有大量的氮、磷、鉀，這是君子蘭在生長發育中必不可少的養分。

5. 用鋸屑作君子蘭培養土

利用鋸屑代替營養土栽培君子蘭，既可以充分利用廢料，又可以收到良好的效果。

君子蘭根系是肥壯肉質根，用鋸屑栽培後，生長良好。因鋸屑疏鬆，通氣性好，很適合君子蘭的根系生長。鋸屑通透性好，即使多澆水也不會發生盆土過濕現象。因此，爛根現象一般很少發生。

栽植君子蘭時可直接用新鮮的鋸屑上盆，不必經過發酵腐熟。這是因為鋸屑不像其他有機質那樣可以快速分解而產生大量的熱能。它分解很慢，腐熟過程時間長，不會

在盆內產生發熱的現象，因而也不會灼傷根系。

用鋸末做培養土栽培君子蘭，小苗可全用鋸屑或9份鋸屑拌1份河沙；大苗可用鋸屑8份、園土1份、河沙1份，或鋸屑9份、河沙或園土1份；開花苗可用鋸屑8.5份、河沙1份、花生餅粉0.5份。

值得注意的是，利用鋸屑栽培君子蘭只能在一般泥瓦盆中使用，如用木桶則會灼傷根系。

6. 土壤酸鹼度的測定

測定土壤酸鹼度的簡便方法可用木槿、天竺葵、芙蓉、蜀葵等花瓣配製成酸鹼指示劑。因為這些花瓣中含有花青素，待這些植物開花時，摘下花瓣，用清水洗淨，擦乾後放入白色瓷碗中，用瓷匙研爛，加入少量酒精，攪拌均勻，靜置2～3分鐘，待酒精顏色與花瓣相近時，倒出來的液汁便是製成的花青素酸鹼指示劑。

測定時，將乾土樣0.2克放在清潔的白瓷盤中，再倒入花青素試劑，用手輕輕地將白瓷盤搖動數下，使土壤和試劑充分混合後，與標準卡比較，就可判斷培養土的酸鹼度。如試劑呈紅色pH為4.0，橙紅色pH為5.0，藍黃色pH為6.0，黃綠色pH為7.0，綠色pH為8.0，藍綠色pH為9.0，紫色pH為10.0。

君子蘭喜歡微酸性土壤，pH要求在6.5～7.0。如果土壤太酸，即pH小於6.5時，可用消石灰調整；如果土壤鹼性太大，pH超過7.0時，可用5升水加兩湯匙白醋調整pH達規定標準，才能供君子蘭栽培使用。

7. 君子蘭培養土消毒

土壤是病蟲害的大本營，特別是君子蘭的培養土中蘊藏著大量的細菌、病菌及蟲卵等，給君子蘭造成各種危害，所以在君子蘭上盆前，要將培養土進行消毒處理。君子蘭培養上常用的消毒方法有炒曬消毒法、二硫化碳消毒法、蒸煮消毒法、福爾馬林消毒法。

（1）炒曬消毒法

君子蘭播種基質多用河沙或細木屑。河沙一般帶菌較少，河沙經清洗後，放在烈日下經2～3天的暴曬，完全可以達到殺菌的目的。亦可將河沙放進鍋裡翻炒殺菌，炒20分鐘即可。

（2）二硫化碳消毒法

將培養土堆積成長方形或饅頭狀，然後在土堆的上方穿透幾個孔穴，每立方米的培養土用3.5克左右的二硫化碳，注入後在孔穴開口處用草秸或薄膜等蓋嚴密。經過48～72小時，除去草蓋，攤開土堆，使二硫化碳散失。

（3）蒸汽消毒法

將已配製好的培養土放入適當的容器中，隔水在鍋中蒸煮消毒。這種方法只限於小規模君子蘭少量用土時應用。也可將蒸汽通入土壤消毒，要求蒸汽溫度在100℃～120℃，消毒時間40～50分鐘，這是最有效的消毒方法。

（4）福爾馬林消毒法

在每立方米培養土中，均勻地灑上40%的福爾馬林400～500毫升，然後把土堆積，上蓋塑料薄膜，經過48小時，福爾馬林化為氣體，消毒即可完成。然後去掉薄膜翻

動土壤，散去藥味即可使用。

8. 翻盆換土

適時翻盆換土是養好君子蘭的重要技術措施。生長期的君子蘭隨著植株的不斷增長，每年可換一兩次土，但4年生以上的成齡君子蘭不一定每年都要換土了。

如果植株長勢很好，盆土又比較疏鬆，不板結，就可以連續使用，隔一年換一次也可。不然，土換得太頻繁，對君子蘭的生長反而不利。

（1）換盆時間

給君子蘭換土最好在春、秋兩季進行，因為這時溫度適宜，君子蘭生長旺盛，不致因換土而影響長勢。在南方，君子蘭的旺盛生長期一是3～6月份，這時南方各地的氣溫一般最低是10℃～15℃，最高為20℃～28℃，個別地區可能超過30℃，這是君子蘭比較適宜的生長溫度。蒔養者可根據本地區的實際情況，在3～4月份翻盆換土；二是8～10月份，這時的天氣溫暖涼爽，溫度適中，是君子蘭的第二個旺盛生長期。根據植株生長情況，蒔養者可在8月中旬進行秋季翻盆。需要注意的是，君子蘭射箭後，或正在孕蕾開花期，最好不換土，因為這個階段植株需要的養分比較大，實行換土操作會影響養分的連續供應。但如果出現因土質不好而造成爛根或黃葉等情況必須換土時，也應注意不要打散坨，要儘量減少根系因換土而造成的損傷。

（2）換盆操作

對需要換土的花盆，在換土前一天，必須澆一次透

水，換盆時將盆花斜放在地面上，用一隻手握住植株的假
鱗莖，另一隻手扶著花盆，慢慢地倒置過來，在木凳上輕
磕盆邊，植株就會脫出。如果給4年以上的成齡君子蘭換
盆，應由兩人配合操作，即一人用兩手握住植株的假鱗
莖，另一人用兩手抱住花盆，在木凳上輕磕盆邊，即可將
植株脫出。君子蘭帶土團取出來時，注意不要使土團破
散，以免損壞根系。

　　植株從盆裡倒出後，要輕輕將土剝掉，同時將衰老和腐
爛的肉質根摘除（如沒有腐爛的肉質根，再長也不能剪掉，
因為這些肉質根的尖部長有很多根毛，這些根毛除能吸收水
分和養分外，還能分泌多種酸類，溶解土中不易溶化的養
分，擴大吸收作用。如果將其剪掉，雖然植株不會死亡，但
肯定會影響長勢），然後用清水洗根部（一、二年生小苗不
要清洗），晾曬兩三個小時後，即可上盆（圖54）。

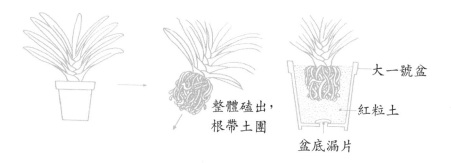

整體磕出，
根帶土團

大一號盆

紅粒土

盆底漏片

圖54　換　盆

　　換新盆時，先用一塊碎瓦片把花盆底部排水孔遮蓋一
半，再用一塊碎瓦片斜搭在排水孔的另一半上面，這樣有

利於排水和透氣（圖55）。同時，在花盆的底部先放一層細碎的瓦片或爐渣顆粒，增加排水透氣性能，然後再填一層疏鬆的粗顆粒土或大塊腐葉土（圖56）。這樣君子蘭根部容易伸展，透氣性和排水性更好，免得細土將盆底孔堵死，造成積水過多，產生爛根。裝土時可分兩次澆水，當培養土上到大半盆時，右手握住君子蘭假鱗莖輕輕地向上提一提，讓根系伸直，便進行第1次澆水。這樣營養土能順利進入各個根系之間，免得有些根間缺土。

當營養土裝離盆口2～3公分時，再澆一次水，目的是使營養土裝實。兩次澆水都要澆透。

圖55　盆底洞眼的處理

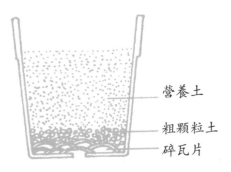

營養土

粗顆粒土

碎瓦片

圖56　分層填土

新上盆的君子蘭，要置放於蔭蔽處10天左右，以減緩水分蒸發，使其逐漸恢復元氣，這叫做「服盆」，10天

後，即可逐漸增加光照。

（3）選用花盆

栽培君子蘭的花盆種類很多，花市上常見的有陶瓦盆、宜興盆、瓷盆、塑料盆等，形狀有圓的、方的、六角形的、橢圓形的等。栽培君子蘭還是用較深的陶瓦盆為好。因為陶瓦盆上有無數用肉眼看不見的細孔，這些細孔有利於水分的蒸發和空氣的流通，而這正是君子蘭肉質根生長發育所需的良好條件。其他種類的花盆雖然外表比較美觀，但透氣性和滲水性較差，不利於君子蘭生長。培養君子蘭要從其不同生長階段來考慮盆的深淺和口徑的大小。一般生有兩片葉子的可選用10公分盆，滿一年生有3～4片葉子的可用15公分盆，滿兩年生有6～10片葉子的可用20公分盆，滿三年生有10～15片葉子的可用25公分盆，成齡君子蘭可用33公分的花盆，最大的君子蘭可用40公分的花盆（表2）。花盆不要太大，盆壁薄的好，新盆比舊盆好。如果使用舊盆，可用磷酸以百倍水稀釋後，將花盆底孔堵死，再把溶液倒入盆裡浸泡2小時後再用。

表2　君子蘭用盆規格

幼苗葉片數	用盆規格（公分）	每盆株數
2	10	1
3～4	15	1
6～10	20	1
10～15	25	1
成齡後	33	1
開花後	40	1

九、養 護 管 理

1. 要經常檢測君子蘭盆土乾濕情況

準確掌握君子蘭盆土乾濕情況是適量澆水的重要前提。檢測盆土乾濕情況不能只看表面，有時由於溫度高、陽光強，花盆表面會很快呈現灰白色，甚至龜裂，但花盆中、下部並未乾透，這時如果澆大水，勢必造成盆土積水。正確的方法是：用手指或其他硬質物品輕敲盆壁，如聲音清脆，是乾旱的表現；如聲音沉悶，證明盆土濕潤，不要澆水。另外葉片突然下垂，也是盆土缺水的表現。

而判斷水是否澆透，也不能只根據盆底是否滲水來決定，因為有時盆土板結，縮成一團，澆下去的水很快會從盆壁流到盆底，並從底孔淌出來，而盆土的核心部分連一點水還沒有接觸到，如果這時就停止澆水，君子蘭很快就會出現萎蔫現象，正在射箭的君子蘭，剛射出葉莖就開花了，會形成夾箭。

所以，給君子蘭澆水，特別是給一兩年未換盆的成齡君子蘭澆水時，一定要注意盆土情況，如有板結和土抱團現象，應疏鬆後再澆水。

2. 澆水時要注意水質水溫

水溫過涼過熱對君子蘭正常生長都不利。所以給君子

蘭澆水最好用與盆土溫度相近的水。冬季如水溫過低可往涼水中摻少量熱水。水質好壞對君子蘭生長影響也很大，雨水、河水最適宜君子蘭生長，如使用自來水，必須先放置兩三天，使水中氯化鈉和鈣鎂離子析出沉澱後再用。

另外，在長春有人用經過磁場處理後的磁化水澆君子蘭，避免了君子蘭經常出現的紅斑病，效果也很好。

流過磁場的水為什麼能促使君子蘭長勢良好，其原因尚待研究。但據國外最近報導：水經過磁化處理後能提高農作物產量。磁化水可使穀物和蔬菜的收穫量增加20%～40%。可見用磁化水澆君子蘭取得良好效果並非偶然。有條件的花卉愛好者可以試行。

3. 給君子蘭澆水的原則

給君子蘭澆水必須根據季節、天氣、濕度等不同情況進行，不能一見盆土乾了就澆。君子蘭有發達的肉質根，能貯存較多的水分，盆內不能積水。正確的澆水方法是：不乾不澆，一澆就澆透。

澆水不能以天數計算，主要看盆土乾濕情況，如果不看清情況，每天都澆一次，就會使盆土長期處於漬水狀態。由於土粒與土粒之間充滿水分，空氣流通困難，呼吸作用受到阻礙，不僅不利於根莖對土壤中氧氣和養分的吸收，而且很容易引起爛根和黃葉。天冷時還會降低花盆內的溫度，影響君子蘭的正常生長和射箭開花。

春秋兩季是君子蘭生長的旺盛季節，水量可大些；夏季氣溫高，蒸發量大，雖然需要加大水量，但天氣悶熱，

通風條件不好，就要減少水量，否則不僅容易爛根，還容易使葉片徒長，造成葉片長而瘦，有損觀賞價值。

4. 給君子蘭澆什麼樣的水

君子蘭所需水分主要有雨水、河水、池塘水、自來水、井水、礦泉水、磁化水、生活廢水等。

（1）雨　水

雨水是一種接近中性的水，不含礦物質，又有較多的空氣，因此，用雨水澆君子蘭十分適宜。如能長期使用雨水來澆君子蘭，有利於促進君子蘭生長，延長栽培年限，提高觀賞價值。此外，有雪的地區，可貯存雪水澆君子蘭，效果也很好。

（2）池塘水、河水

池塘水的來源主要是雨水，有較多的營養物質。如能長期用池塘水澆君子蘭，可不用施肥料，君子蘭都會長得健壯，葉色光亮，花大色豔。

河水雖來源較廣，但也是以雨水為主，用來澆君子蘭效果也很好。但河水不如池塘水。

（3）自來水

嚴格地說，自來水是不能直接用來澆灌君子蘭的，因為自來水中有少量對君子蘭生長有害的物質，這些物質對君子蘭根部有毒害作用。

有些地區的自來水中 pH 含量高；同時，自來水的水溫與盆土溫度相差較大，用來直接澆灌君子蘭，對根部是有刺激的。所以必須對水質、水溫進行處理：

一是測定自來水的酸鹼度的含量，pH為6.5左右為好；

二是將自來水存入缸中，靜置2～3天進行沉澱，讓其在大氣中經受風吹日曬，使水中的物質充分氧化，水體純淨；

三是要使缸內的水溫接近盆土溫度後再行澆灌。

（4）井水、礦泉水

井水、礦泉水一般硬度大，含有許多種雜質，有時還含有較多的氯氣，不宜直接用來澆灌君子蘭。但如經過預貯和暴曬，使礦物質沉澱，含氯物質揮發，也是可以用來澆君子蘭的。

（5）磁化水

實踐證明，用磁化水澆灌君子蘭效果好。其主要原因是：一方面磁化水對植物本身產生刺激作用，能促進光合作用的進行，促進新陳代謝；另一方面，磁化水可以加速土壤中微生物的活動，促進土壤中有機磷、有機氮轉化成為能被植物吸收的速效磷和速效氮，提高土壤的肥力。

所以，用磁化水澆的君子蘭比用一般水澆的君子蘭葉片要寬大、厚實，葉面發青綠色，株體粗壯，根系發達，抗病力強。但是，長期使用磁化水澆君子蘭應注意營養土的酸鹼度，因為水經磁化後，pH要發生變化。

水的pH低於7時，磁化後pH能升高零點幾到一；而君子蘭喜微酸性的土壤，所以就必須定期合理地澆灌硫酸亞鐵以確定營養土的微酸性。用磁化水澆其他花卉效果也很好，如蟹爪蘭、曇花、令箭荷花等。

磁化器可以自己製作，用一條內徑為0.5公分的乳膠管或聚乙烯塑料管，在磁棒周圍，輕輕繞上20～25圈，然後將管子的一端接在自來水龍頭上，另一端用木桶接著，控制水的流速為0.09公尺／秒，經過一個恆定的磁場，一晝夜可製成磁化水30升。

製取磁化水還有一個簡單方法，把一塊馬蹄形或「U」字形的鐵心，用銅線纏繞數十圈，透過低壓直流電後直接放在盛滿水的木質桶中，這樣也能制取磁化水。

（6）生活廢水

生活廢水有洗菜水、淘米水、洗碗水、洗臉水、洗魚血水等。有些人總是在這些廢水裡面大做文章，事實上是弊多利少。尤其是陽臺養花，還是乾淨衛生些好，最好做到不用廢水澆君子蘭。君子蘭也不能使用含有肥皂或洗衣粉的洗衣水和含有油污的洗碗水，這些水對君子蘭有毒害作用。

5. 按不同季節給君子蘭澆水

不同的季節，氣候截然不同，君子蘭也處於不同的生長發育階段，需水量不同，澆水量也不同。

（1）春　季

春季氣候逐漸轉暖，正是君子蘭旺盛生長和開花的季節。此時君子蘭澆水應以早晨8時左右為宜。北方室內蒔養的君子蘭，春季室內溫度不高，特別是有暖氣的房間，水溫應基本接近室溫，所以早晨8～9時澆水，君子蘭能在較長的、溫度適中的條件下快速生長。

南方地區，春季雨量少、氣候乾燥，溫度逐漸升高，

特別是乾風天氣，水分蒸發快，需水量大，這時澆水不但要勤，而且要真正澆透。視其盆土乾濕情況，可每天或隔一天澆一次水，當江南地區春雨綿綿時，應停澆或延長澆水時間。

（2）夏　季

盛夏，君子蘭生長緩慢，南方栽培的君子蘭有的處於半休眠狀態，這時澆水應以下午6～7時為宜。夏季日照時間長，溫度高，君子蘭需要降溫，但在中午不能澆水，因為中午盆土溫度高，水溫低，兩者溫度差異很大。如果這時澆水，君子蘭根尖生長點易受刺激，容易引起「感冒」，對君子蘭生長發育不利。

到了下午6～7時，土壤溫度降低了，水溫降低的幅度小，這時水溫基本接近土壤溫度，是夏季澆花的最佳時間。同時，傍晚澆水，能進一步降低土壤溫度，滿足君子蘭要求白天溫度高、夜晚溫度低的生長習性。

如果溫度高於30℃，久晴不雨，空氣過於乾燥，會增加君子蘭葉面蒸騰，使君子蘭葉片的葉綠皺縮焦邊，暗淡失色。因此，應注意保持較高的空氣濕度，減少葉面蒸騰，促進葉片翠亮光潔，還可減少炎夏對盆土的澆水量次，有利於促進肉質根莖的茁壯成長，滋生新的小根，並可防止或減輕悶熱環境中根腐病的發生和危害。

（3）秋　季

秋季天氣逐漸轉涼，澆水宜在上午9～10時進行。因為這時的水溫和土溫基本接近。有條件的可把水溫提高到20℃，用這樣的水澆灌君子蘭較為理想。同時上午澆水，

盆土經過較長的高溫時間，水分已經蒸發，盆土含水量減少，君子蘭根尖生長點不易受到傷害，對君子蘭生長有利。

君子蘭一年四季都可進行葉面噴水，它對空氣濕度的要求是生長季節宜偏濕，休眠期宜乾。秋季（春季基本相同）視氣溫和濕度變化，每天或每隔幾天噴一次水。水質以雨水較好（長江以北地區可用雪水），自來水次之，井水最好不用。

（4）冬　季

冬季氣溫低，君子蘭的吸收能力大大減弱，呼吸和蒸騰作用也隨之降低，到次年1月份，可降到最低限度，土壤水分蒸發也很少。因此，只要保持土壤稍潤就行。如果這時不控制澆水，水分多了反而使君子蘭根部呼吸困難，引起爛根。

而在南方一些地區，氣候則較溫暖，除特殊年份外，一般冬季很少出現霜凍。氣溫一般均在5℃以上。故君子蘭在南方很少休眠，冬季仍在繼續生長，仍能長出新葉，但生長很慢，可3～5天澆一次水，以保持盆土稍乾為原則，隔2～3天噴一次水，以增加空氣濕度，有利於君子蘭生長。

6. 空氣濕度對君子蘭的影響

君子蘭在原產地非洲南部森林中，非常喜歡濕潤的環境，在空氣乾燥的情況下葉片萎蔫，暗淡無光，有時葉片發黃，長勢不佳。所以一定要使君子蘭生長在濕潤的環境中，空氣相對濕度應不低於60%。

　　如空氣過於乾燥，可採用以下幾種辦法增加濕度：

　　（1）向地面灑水，每天可進行兩二次。

　　（2）用小型噴霧器向葉面噴水，但要注意不要使水流入根莖部（圖57）。

　　（3）夜間用塑料薄膜把花盆整個罩

圖57　葉面噴水

起來，在罩內放一盆清水，這種方法特別適於冬季生火爐、室內空氣十分乾燥的環境。

7. 君子蘭長勢與施肥的關係

　　經驗證明，君子蘭的葉片長勢不佳，植株下部葉尖變黃，往往和缺氮肥有關；花開得不鮮豔，果實長得不肥大，往往與缺磷肥有關；而肉質根不發達又往往和缺鉀肥有關。另外，君子蘭新生的葉片呈黃白色，患「缺綠病」是缺少含鐵肥料的表現。因此，有針對性地調整施肥種類是完全必要的。

　　餅肥、魚骨粉、尿素、硫酸銨等是含氮量較多的肥料，能促進根、莖、葉的發育；米糠、骨粉、發酵的淡水魚腥水以及過磷酸鈣等肥料，含磷較多，有助於花、果、

種子的發育；而草木灰、氯
化鉀、硫酸鉀等則是含鉀較
多的肥料，不僅能促使葉、
莖、根的健壯成長，還能提
高君子蘭抗寒、抗旱和抵抗
病蟲害的能力。這些肥料君
子蘭愛好者可靈活選用，看
花施肥。

基肥

圖58 施基肥的方法

8. 給君子蘭上基肥

一年生的小苗不用上基肥，兩年生以上的大苗和成齡君
子蘭在換盆時，都可上基肥。基肥肥效雖然比較緩慢，但效
力持久，有利於植株生長。施基肥既可用發酵的餅肥、動物
蹄角，也可用動物骨粉和草木灰。

但使用基肥（圖58）時，應注意不要讓肉質根直接接
觸到肥料，以免燒根，基肥上部要覆蓋或隔離一指左右的營
養土，然後再將植株埋入。

另外，為了保證君子蘭在旺季裡迅速生長，還可進行
根外追肥。具體方法是：用稀薄的無機肥溶液或4‰的磷
酸二氫鉀溶液往君子蘭葉面上噴施，讓肥料通過葉片吸
收，效果也很好，施肥時間最好在清晨或傍晚。

9. 君子蘭一年四季施肥量有區別

君子蘭長勢與溫度關係很大，春、夏、秋、冬四季由
於溫度高低不同，施肥量也不同。

　　春、秋兩季君子蘭生長溫度適宜，是生長的黃金季節，施肥量要相對增加。

　　夏季如果沒有空調設備，君子蘭處於高溫條件下（如28℃以上），生長受到抑制，繼續施肥，不僅是無用的，而且是有害的，因為施肥後植株吸收不了，溫度又高，很容易引起爛根。

　　冬季施肥量要看室溫情況，如果溫度能保持在15℃～25℃可正常施肥，如果室溫連10℃都保證不了，那就不要施肥了，因為植株已無吸收能力。

　　總之，春、夏、秋、冬四季的施肥量關鍵在溫度，如果人工能保持君子蘭的適宜生長溫度（15℃～25℃），一年四季都可持續施肥，如果靠自然溫度，春、秋兩季應多施肥，夏、冬兩季應少施肥或不施肥。

10. 苗期和花期的施肥量要有區別

　　君子蘭播種期不用施肥，只要按時澆水即可。君子蘭小苗分盆後，種子沒乾癟前也不用施肥，種子裡的養分可滿足小苗生長需要。君子蘭小苗長到兩片葉（圖59）以後，可施少量液肥，如發酵的豆餅水、動物蹄角水等。每

圖59　當年生與滿一年生君子蘭

次用一湯匙（15克左右）原液，加10倍水稀釋後澆灌。

　　兩年生的君子蘭（圖60）需肥量逐漸增多，除10天左右澆一次液肥外，每半個月還要施15～20克固體肥料，如骨粉、麻子、蘇子、乾豬血粉等。

　　君子蘭長到3年（圖61）以後，除了堅持上述施肥方法外，還要結合換盆增施底肥，可將骨粉、發酵的豆餅渣等埋入盆底，但應注意不要讓肉質根直接與肥料接觸，以免燒傷花根。

　　四年生的成齡君子蘭（圖62）進入花期，需肥量更大，這個階段春、秋兩季，每次可

圖60　滿兩年生的君子蘭

圖61　滿三年生的君子蘭

圖62　成齡君子蘭

施固體肥料 50 克，另外還要增加磷肥的施用量，每半個月要增施一次發酵的魚腥水或骨粉、油渣等。

11. 合理施肥

君子蘭在栽培過程中，必須根據植株的生長情況和各個階段所需肥料的種類、性質、用量，做到正確施肥。苗期施肥量少，營養土的養分可以滿足需要，長出八九片葉後生長旺盛，需要的營養相應增加，進入花期後，既要長葉又要開花結果，需肥量更要增加。

君子蘭的肥料主要是以溫性稀釋肥料為主，一般不用糞肥。家庭盆養的君子蘭所用的肥料主要有：豆餅、花生餅、麻子餅、蓖麻子、麻子、淡水魚鱗甲、禽糞等。但是，這些肥料作為追肥，都必須充分發酵。未腐熟的生肥不能用來澆灌君子蘭。溫室成批栽培的君子蘭常用食草類動物的糞便，這種糞便經過充分發酵後，呈褐色，纖維多，孔隙多，透水通氣性好，容易分解，多用在苗期。

餅肥和油料肥的養分高，對根刺激小，便於吸收，不污染環境，有促進開花結籽的作用，適用於開花結果期，溫室和家庭栽培均適用。

化肥是速效性肥料，肥效快，持續時間短，對施肥量要求較嚴格。特別是氮素化肥，容易使葉片變形，施用不當還容易燒根，因此生產上一般不用化肥。但對於肥效較快的複合肥等，可進行小量的試用，以取得經驗。複合肥是含有氮、磷、鉀等元素中兩種或兩種以上成分的肥料，如硝酸鉀、磷酸一銨、磷酸二銨、磷酸二氫鉀（二元複合

肥料）等及氮磷鉀1號、氮磷鉀2號（三元複合肥）。複合肥可做基肥，也可做追肥。磷酸二氫鉀多用做君子蘭花期的根外追肥，噴施濃度為0.1%～0.2%。

君子蘭的施肥主要是追肥。如做基肥可在花盆底部先裝1～2公分厚的營養土，再將腐熟的餅肥等固體肥料埋入花盆下部（圖63），其上再蓋1～2公分厚的營養土，然後栽苗，注意不要將根觸及肥料，以免燒根。

圖63　施追肥的方法

追肥時，可在春、秋、冬三季根據生長和發育情況，施用液體肥或固體肥料。施肥時要注意，餅肥一定要發酵，蓖麻籽要壓碎後再施用。

做追肥用的固體肥料，埋入土中1公分即可，追肥用的豆餅水和蹄角水也要經過發酵，稀釋後沿盆邊澆入土中，千萬不要將肥水澆在葉片上，否則易造成葉片皺縮，影響觀賞。施肥後還要補澆一次水。

在追肥季節，固體肥料每月追一次。追肥數量為5～

10片葉每次施15～20克，進入花期後每次施50克。液體肥料每10～15天追施一次，追施數量因植株大小而異。注意濃度不宜過大。

12. 進行根外追肥

君子蘭根外施肥主要是彌補土壤中養分不足，解決植株體內長期缺乏氮、磷、鉀及其他微量元素的問題。同時根外施肥，能根治君子蘭因澆水或施肥不當而引起的爛根問題，以及因缺乏某種元素而引起的生理病變，透過追施相應的肥料，儘快消除病症，使君子蘭生長旺盛。

（1）施肥種類

君子蘭根外施肥種類有磷酸二氫鉀、過磷酸鈣、草木灰浸液、尿素、米醋和微量元素等。

①磷酸二氫鉀。從花芽分化開始至現蕾為止，噴施2～3次，不僅有利於花芽分化，而且能使花朵碩大，花色鮮豔。

②過磷酸鈣。君子蘭生長後期，根部吸收養分能力減弱時噴施過磷酸鈣，能彌補根部磷素的不足，使君子蘭「返老還童」。

③草木灰浸液。0.1公斤草木灰，兌水2公斤，浸泡1天，待澄清後用浸液噴施。在花蕾期、開花期、結籽期各噴一次，可延長賞花期，提高結籽率，且子籽飽滿。但應注意避免噴到花序和心葉上。

④尿素。噴施後，君子蘭葉面能夠保持較長時間的濕潤狀態，吸收率高。君子蘭苗期噴施能促進幼苗茁壯生

長，葉色光亮；君子蘭後期噴施，可防止早衰。

⑤米醋。除含醋酸外，還含多種氨基酸、糖分、甘油醛類化合物和多種鹽類。在君子蘭生長期，開花前1個月和孕蕾期多次噴施，能增加葉綠素，提高光合作用能力，促進新陳代謝，使君子蘭葉大亮綠，花色鮮豔。

⑥有選擇地施用微量元素。

硫酸鋅：君子蘭幼苗期，當葉片在陽光下退綠變為黃白色，植株生長緩慢、矮小時，噴施鋅肥效果十分顯著。

硼：硼是促進開花的重要微量元素，它能促進碳水化合物的運輸。在現蕾期如能噴幾次硼酸水溶液，可增加花朵的數量和提高質量，使君子蘭花開得碩大而豔麗。

（2）濃　度

一般君子蘭根外施肥濃度為：磷酸二氫鉀 0.1%～0.2%，過磷酸鈣 0.2%～0.3%，尿素 0.1%～0.2%，米醋 1%～2%，硼酸 0.05%～0.1%，硫酸鋅 0.05%～0.1%，複合肥 0.5%～1%，硫酸亞鐵 0.05%～0.1%。

（3）噴施時間

噴施時間以無風的早晚或陰天，氣溫在 20℃左右為好。低於此溫度，葉面氣孔縮小，肥料不易吸收。噴後如遇雨淋，可再補施。

（4）注意事項

①噴施濃度一定要按照要求，不能過大，否則會燒傷葉面，影響觀賞。

②溶液中可加入 0.2%的中性皂或洗衣粉，可使溶液的附著力增強，延長附著時間，有利於葉片對肥料的吸收，

提高噴肥效果。

③噴肥時，力求霧粒細微，兩面噴到，以利均勻密佈；噴至葉片全部濕潤，肥液欲滴而不下落為宜。

④根外施肥是一種應急輔助施肥手段，不能代替土壤施肥，所以還應施足基肥，及時追肥，才能滿足君子蘭對養分的需求。

⑤正在開花的君子蘭不要噴施，以防肥害，切忌將肥液噴到心葉和花序上。

13. 君子蘭的常用肥料

君子蘭需要的常用肥料有農家肥料和化學肥料兩大類，主要是用農家肥料。

（1）農家肥料

君子蘭常用的農家肥料有餅肥、陳馬糞、動物蹄角、骨粉、油料種子、油渣、堆肥、雞鴿糞等，這些均屬有機肥料，具有肥效穩定、養分完全和可改良土壤等優點。

①餅肥。包括大豆餅、芝麻餅、蓖麻餅、花生餅等。餅肥含氮及有機質較多，含磷、鉀少，一般含有機質78%～85%。大豆餅含氮7%、磷1.32%、鉀2.13%。芝麻餅含氮6.5%、磷2.5%、鉀2.1%。花生餅含氮6.32%、磷1.77%、鉀1.32%。蓖麻餅含氮5%、磷2%、鉀1.9%。餅肥多做基肥，它的浸出液可做追肥，效果良好。

②陳馬糞。馬糞纖維多、孔隙多，透水通氣性好，容易分解，一般含氮0.78%、磷0.7%、鉀1.01%，苗期可多用。

③動物蹄角。動物蹄角是遲效性有機肥，含氮14.8%、磷0.22%、鉀3.78%，並含有微量元素。其肥效穩定，可將其直接放在培養土的下面和四周做基肥。一次施用後在1年當中可不用追肥或減少追肥次數，為君子蘭盆栽管理帶來極大方便；也可以將動物蹄角放入缸內加10倍水浸泡，經過漚製，待臭味散發後，取肥液，加5～8倍清水稀釋後，用來做君子蘭追肥，效果良好。

④骨粉。將豬、馬、牛、羊等動物廢骨砸碎，乾燥或焙燒後壓成粉埋入花盆土1～2公分深處，有助於孕蕾開花。

⑤油料種子。蓖麻種子、大麻種子、小麻種子、蘇籽等都行，事先用鍋炒一下，壓碎後施於盆土1公分深處。油料種子養分高，對根刺激小，便於吸收，不污染環境，還能促進開花。

⑥油渣。豆油、香油、葵花子油渣也是君子蘭的上等肥料。每年春秋兩季在花盆四周點上3～4滴液體油渣（用竹筷頭扎1～3公分深的眼）有助於植株的生長和提高葉片的光澤度。

⑦堆肥。堆肥係有機遲效性肥料，它是以植物莖葉為主，加入適量禽畜糞便、人尿和土堆積而成的肥料，使用前必須經過充分發酵腐熟後方可使用，一般含有氮0.4%～0.5%、磷0.2%～0.3%、鉀0.4%～0.7%、有機質15%～25%，多用做基肥。

⑧雞鴿糞。雞鴿糞是君子蘭的良好肥源，但需經曬乾、過篩，並經堆漚充分發酵後方可施用。一般多用於翻

盆換土時，拌入盆土做基肥施用。

（2）化　肥

化肥是速效性肥料，肥效快，持續時間短，對施肥量要求嚴格。

14. 培養君子蘭的適宜溫度

君子蘭原產非洲南部森林，當地年平均最低氣溫不低於10℃，年平均最高氣溫不超過22℃，君子蘭在長春生長期的適宜溫度是15℃～20℃，播種期是18℃～20℃，花期是15℃～20℃。

不論是小苗還是成齡君子蘭，室溫如低於10℃，生長就緩慢；降至0℃以下植株會凍死；而室溫如果高於28℃，則會出現葉片徒長的不正常狀態，不僅有礙觀賞，還會影響射箭開花。實踐證明，夏季高溫條件下開花的君子蘭，授粉後易落果，且果實也不如冬季開花的大。

根據君子蘭這一生長特性，冬季必須注意防寒，尤其是成齡君子蘭射箭前夕和幼苗撫育期，更要注意保持一定溫度。而到夏季則要注意降溫，防止日灼。

15. 君子蘭要低溫處理

君子蘭喜溫暖，不耐嚴寒，但在自然界中君子蘭開花要經過一個低溫階段，才能在冬春兩季開花。如果沒有滿足這個要求，就會打亂它的開花規律，即不開花，或花期不在冬春季節，而在夏秋，影響觀賞價值。因此，成齡的君子蘭開花不良的主要原因是秋涼時過早入室，沒有經過

低溫環境處理。

為了使君子蘭在冬季開花，增添冬春季節觀賞興趣，晚秋不要急於將盆花移入室內，應繼續在室外向陽背風處養護，經過5℃左右低溫環境下處理10～15天，再將盆花端到室內，放在沒有陽光直射的位置，室溫有10℃～15℃即可。在低溫處避免直射陽光的管理階段，要少澆水或不澆水，停施肥料，並常用乾淨濕布擦葉片。到12月，盆花移放在10℃～15℃兼有陽光直射的窗臺上。這時，只要保證所需的溫度、光照時間，合理地追施肥料，科學地澆水，抽出的花莛就會伴隨冬春開放豔麗的花朵。

16. 給君子蘭降溫

君子蘭在28℃以上的高溫條件下，葉片和花莛都會徒長，對君子蘭觀賞價值影響極大。所以不論南方還是北方，夏季都要設法給君子蘭降溫。通常用以下幾種辦法：

（1）搭陰棚

有庭院或陽臺的，夏季都要搭建專用棚，用遮陽網及網眼紗簾透光。如果有樹蔭（圖64）或葡萄架，對君子蘭生長就更加適宜，因為在這種環境中，溫度一般比日光直射低3℃～5℃，並且通風也好。

（2）噴水和灑水

夏季溫度過高時，可用小型噴霧器向君子蘭葉面噴水，也可向花盆四周灑水，這樣，也能在一定程度上降低局部溫度，改善小氣候。

用遮陽網及網眼紗簾
遮光60%～70%

放置在樹陰等陰涼處　　高溫高濕期如果通風不好，
　　　　　　　　　　　就容易發病

圖64　高溫時放置地點

（3）水池降溫

在栽植君子蘭的地方，可做一個盛水的水泥池或水槽，在池（槽）上放一塊硬質木板或倒放一個泥瓦花盆，再把君子蘭放在上面，也可用木盆或其他盛水容器代替。

每天換涼水一次，因為水溫比氣溫低，水分很快吸收空氣中的熱量，這樣也能起到小範圍的降溫作用，改善小氣候。

（4）通　風

通風也是降低君子蘭環境溫度的有效辦法之一，有條件的可用小型電扇，每天在中午氣溫高、天氣十分悶熱的時候，給君子蘭通風1～2小時，不僅能為君子蘭降溫，而且由於空氣流通，還有利於君子蘭葉片呼吸和防止病蟲害，因為病蟲害往往在悶濕和空氣不流通的條件下滋生。

如果沒有電扇設備，也可以採用自然通風法，即把花

盆搬到過道通風處或一早一晚把花盆搬到室外通風。

17. 給君子蘭增溫

君子蘭的適宜生長溫度為 15℃～25℃，但在中國黃河以北，特別是在東北各省，冬季氣溫都很低，有時溫度保證不了君子蘭旺盛生長的需要，在這種情況下，就要用各種辦法為君子蘭增溫，創造適宜的生長條件。常見的辦法有：

（1）塑料薄膜罩升溫

如室溫低、陽光好，也可用塑料薄膜罩覆蓋花盆或育苗盆槽（圖65），以提高盆土溫度。溫度過高時，還可以在塑料罩的一角剪一個小孔，調整溫度和濕度。

（2）暖氣升溫

城市居民大都有暖氣設備，如室溫上不去，可把花盆或育苗盆槽放在暖氣片上，但因暖氣片特別是鑄鐵暖氣片溫度高，盆底要墊塊硬紙板或木板（圖66）。

（3）火炕升溫

北方地區，特別是農村，大都有火炕，火炕的溫度比較平穩。如室溫上不去，可把花盆或育苗盆槽放到火炕上。因炕頭溫度波動較大，可把花盆放到火炕梢。

（4）其他升溫法

用電熱器、熱水袋或燒熱的磚頭等墊放盆底，也可以達到升溫的目的，還可以在花盆盆土表面鋪一層小炭塊，因黑色吸收陽光熱量較多，也能在一定程度上提高盆土溫度。但不管用哪種方法升溫，白天都要把花盆移至陽光處。

圖65　薄膜罩　　　　圖66　盆底加墊

18. 掌握好君子蘭的光照

君子蘭生長是離不開陽光的，特別是冬季，一定要有充足的光照。良好的光照是保證花大、色豔的重要條件。但君子蘭和仙人掌類植物不同，它喜弱光不喜強光，特別是夏季，它最怕強烈的日光直射。君子蘭最喜歡在半陰半陽的條件下生長，所以夏季君子蘭一定要遮光，用帶眼的窗簾或紗布都行。如果有條件把君子蘭放在樹蔭或葡萄架下就更理想。

君子蘭還喜歡短光照，夏季日照較長，不要把君子蘭長期放在陽光下，每天只要有3～5小時光照即可。含苞期為了促其早開花可適當延長光照時間，但花朵開放後，為了延長觀賞時間，就要把日照時間縮短2～3小時，並放於低溫處。

君子蘭的葉形美觀與否，常受多種因素制約。

第一是品種的特性，如染廠、大老陳等葉形不整齊，黃技師、勝利、和尚、油匠等品種葉形整齊。

第二是栽培管理，同一個品種，管理得當，葉片就整齊；反之，就不整齊。

即使是最好的品種，栽培管理不精心，葉片也會不整齊，所以，好的品種還必須有好的栽培技術。

具體的做法是，要經常調整溫度、光照、水分和肥料諸因素之間的關係，保持其生長均勢。葉子對光很敏感，實踐中發現，平行光照（即葉子方向和光照方向平行）比垂直光照受光均勻，因此，花盆應2週左右轉動180°方位（圖67），有利於保持葉形的整齊。

如果放在那裡不管，或今天這麼放，明天那麼擺，採光角度經常變動，勢必導致葉片七扭八歪。另外，溫度不要過高，施肥要適當。氮肥過多，會使葉片變長變薄，造

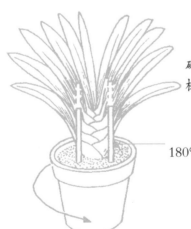

為了使葉片朝確定方向生長，在蘭株四周可插小竹杆。

兩週一次，花盆作180°回轉，變換位置。

圖67 轉 盆

成葉片下垂，影響觀賞。

在栽培中，可以根據君子蘭葉片的變化情況來判斷其生長情況而採取相應的管理措施。如葉片黃灰色說明陽光直射太強；葉片中間有黃褐色斑點且穿孔，一般是肥料燒根造成的；葉片上出現浸潤圓斑是病害的標誌；葉片下垂說明缺水；葉片變黃說明缺肥；葉片上有紫褐色斑點說明缺營養。

19. 室內怎樣養好君子蘭

室內怎樣才能養好君子蘭？這是花卉愛好者所關心的問題。根據筆者多年養花實踐認為：

（1）選好苗種

目前市場上出售君子蘭苗的商販很多，這些商販中，有部分是君子蘭愛好者，也有一些人從事販賣。從目前市場上出售的花苗看，有些君子蘭苗是經過藥物浸種處理繁殖的，這類苗色澤深綠、葉片發皺。

品質上乘的君子蘭有如下特徵：即細膩、色淡、頭圓、板厚、臉花及長寬比小於3：1。

（2）用好盆與土

種植君子蘭應選擇素燒盆，這種盆透氣性好。君子蘭系肉質根，用塑料盆或瓷盆不利生長。素燒盆擺在室內不好看，可選購美觀耐用的套盆（應選擇有網眼的那種），將素燒盆套在裡面就美觀了。

種植土應首選闊葉林腐葉土（花卉市場有售，也可自己採集）。這種土不需填充任何植料，透氣性好，十分有

利於君子蘭的生長。盆土要定時更換，視種植管理中盆土的板結程度，必要時每年更換1～2次，長時間不換土，盆土透氣性會降低，影響君子蘭生長。

（3）光照和溫度

君子蘭雖喜蔭蔽環境，但光照是不可缺少的。室內君子蘭秋冬季節接受陽光照射，有利花芽分化。需要注意的是，君子蘭葉片特別是新生葉有很強的趨光性。要想培育出整齊的植株，就要每隔一段時間將花盆轉動180°（圖68）。

君子蘭性喜涼爽，適宜生長溫度為14℃～25℃；5℃以上可安全越冬，30℃以上高溫對生長十分不利。

圖68　每週1次把花盆轉動180°

（4）澆水與施肥

君子蘭適應性很強，飲用水均可澆灌。生長旺盛季節應保持盆土濕潤，但不能積水。

室內蒔養君子蘭最好施君子蘭專用肥（花卉市場有售）或將蘇籽炒熟，換土時將其埋入花盆底部即可。秋季應結合翻盆換土，在土裡摻一些骨粉等磷肥，這樣君子蘭會花豔果碩。

（5）繁　殖

要得到君子蘭種子需進行人工授粉。果實8個月左右成熟，成熟時果實為暗紅色，要隨採隨播。家庭育苗一般選用小木箱，裡面鋪一層河沙，然後將種子有規律地排放好，上面覆蓋0.5公分厚的河沙，再噴透水，保持濕潤，5周左右可出苗。待小苗長出1～2個葉片時即可移栽，如管理得好，3年可以見花。

20. 在採光不良的房間裡培育君子蘭

從理論上講君子蘭的生長是離不開陽光的，但實踐中我們也看到，不少家住東、西廂房，甚至背陰面的房間裡也生長著碧綠的君子蘭，有的還能射箭開花。原因是君子蘭並不需要強烈的日光，東、西廂房每天上午或下午都能見幾小時陽光，這正適合君子蘭短日照的需要。

而城市背陰面的住房又往往有其他建築物反光，君子蘭在間接採光條件下也可緩慢生長，而有些住在背光房間裡的君子蘭愛好者，他們往往選擇方便時間，把君子蘭搬到室外陽光處進行短時間的「日光浴」，這都是君子蘭在背光房間裡能發育生長的原因。

21. 夏季防止君子蘭葉片徒長

夏季氣溫高，如管理不善，君子蘭葉片容易徒長（所謂養竄了）。防止的主要措施是控制溫度和光照，具體如下：

（1）搭蔭棚、掛窗簾以便降溫和減少光照，每天讓

君子蘭見1～2小時晨光即可。

（2）噴霧灑水或將花盆置於水槽（盆）上，每天換水一次。

（3）菜窖或地窖降溫。如有條件，每天可在上午11時至下午3時，將君子蘭移入窖內。

（4）加強通風。為了使葉片不相互重疊，盆與盆之間要留出一定空間（圖69），使通風良好。有條件的可利用電風扇吹風降溫。

為了使葉片不相互重疊，盆與盆之間要留出一定空間，使通風良好。

圖69　通風的方法

22. 君子蘭不射箭不開花的防治

君子蘭經過三四年的生長發育，葉片長到18～20片以後，便完成了營養生長期，進入花莛、孕蕾、開花、結果期。開花之前精心養護非常重要，因為君子蘭開花結籽需要消耗大量養分，如果前期營養生長階段光照不足，溫度不當，肥水失調，株體衰弱，就很難積累足夠的養分供後

期開花之需。

由於蒔養管理不善，君子蘭生長緩慢，花朵寥寥無幾，產生葉片微黃，萎蔫皺薄，有的甚至不開花。

（1）不開花的原因

①夏季日照時間長，造成葉片徒長，消耗養分過多，影響冬季孕蕾開花；

②室內溫度不夠，如低於10℃，君子蘭生長受到抑制，低於5℃基本停止生長；

③冬季陽光不足，箭射不出來；

④缺肥，特別是缺乏含磷肥料；

⑤君子蘭喜微酸性土壤，如果土壤的pH超過7.0時，它的生長發育和開花都會受到影響。

（2）防治措施

為了促使君子蘭花繁葉茂，可採取以下幾點措施：

①調整溫度和光照。中國南北地區溫差很大，在一些南方地區，10～11月份以後，氣溫才逐漸降低。當平均氣溫低於15℃時，不要急於入室，等到氣溫在5℃左右時鍛鍊10天左右再入室，此時可將君子蘭放在室內向陽處（圖70）。為調整光線，從6～7月份開始，將花盆逐漸從向陽窗後撤，8月份花盆離窗臺1公尺左右，並有時移至地面，10月份又全天搬回向陽窗臺。12月份時，把君子蘭放在溫度15℃～20℃的向陽處養護。切忌恆溫，白天保持在15℃～20℃，夜間保持在10℃～15℃，並設法將土溫增高。酷暑（7～8月份）時採取降溫措施，將花盆移至通風陰涼處，灑水或吹風，創造一個白天20℃～25℃、夜間

圖70　室內放置處

15℃～20℃的小環境，使夏季不休眠，保持四季生長。

②水肥適宜。用經過暴曬的水澆灌君子蘭。在生長期，盆土可保持略濕一些，但不宜過濕。冬季休眠期，盆土應略乾一些。在夏季，盆土也宜偏乾，防止多淋雨。每半個月施一次稀薄液肥，但酷暑季節要減少施肥量。在花前的2～3個月，每週施一次以磷肥為主的稀薄液肥，助長花蕾、使花大而色豔。

③保持盆土疏鬆。根據君子蘭的生長情況，採取春、秋兩季換盆土的措施，換上肥沃疏鬆、透氣滲水的新土壤，最好是微酸性土壤，以促進植株生長健壯、發育良好，花繁葉茂。

　　如此管理，不論是南方還是北方，只要有針對性地抓住關鍵，細心管理，滿足君子蘭生長發育的需要，就能使君子蘭葉片翠綠，繁花似錦，一年最低可開一次花，有時還能射兩次箭，開兩次花。

23. 怎樣縮短君子蘭射箭開花週期？

君子蘭從播種到射箭開花一般需要4年左右，由於生長週期長，繁殖速度慢，部分高檔品種供不應求，價格也偏高。用什麼辦法能縮短君子蘭射箭開花的週期呢？近年來，長春市一些養蘭能手用夏季降溫繼續施肥使君子蘭停止休眠的辦法，使一部分君子蘭達到了兩年射箭開花的目的。過去多數人認為夏季溫度高，君子蘭要停肥，結果君子蘭一年中只有半年多的時間處於生長旺盛期，這就延長了君子蘭的成熟期。

但近年來有些君子蘭能手入夏後把君子蘭放到1公尺多深的土窖中，由於溫度降下來了，濕度提高了，所以他們繼續堅持施肥，結果使君子蘭一年四季不休眠，始終保持旺盛的生長狀態。為了加速小植株生長，他們一年給盆花換兩次以腐葉土為主的營養土，並且多種肥料交替施用，運用「大水大肥」蒔養法，從而使一批君子蘭收到了兩年射箭開花的預期效果。

24. 防治君子蘭夾箭

君子蘭花期，往往由於栽培管理不善，有時會出現夾箭現象，嚴重影響君子蘭的觀賞價值。

（1）引起君子蘭夾箭的原因

①溫度不適宜。君子蘭出莛開花的最適宜溫度為15℃～20℃，但若室溫低於12℃，就會遲遲抽不出花莛；若溫度高於25℃，也不利於抽箭。因溫度過高過低都會影響花莛細胞分裂而致生長緩慢，在花莛還沒有長到應有的

圖71　夾　箭

高度就開花（圖71），容易形成夾箭現象。

②肥力欠佳。君子蘭夾箭，有時是屬於肥力不夠。君子蘭生殖生長期需肥量越來越大。如果君子蘭正在花芽分化出莛開花前期，施肥不當，箭莛就很難抽出來。氮、磷、鉀是君子蘭植株體所必需的營養元素，三者作用不同，互相配合施肥，才能使君子蘭生長旺盛，正常開花。如此時施氮肥過多而又缺磷、鉀肥和微量元素，就會影響抽箭開花，即使能抽箭，也常常被葉片夾住。

③溫差不夠。根據君子蘭生長習性和新陳代謝的規律，喜歡白天溫度高，夜間溫度低，晝夜之間形成一定的溫差。如果蒔養環境白天和夜晚的溫度始終保持均衡狀態，君子蘭體內的營養物質難以貯存起來，因而花芽分化後，花莛無力長出來，所以花莛開花時，溫度應控制在20℃～25℃，晝夜溫差必須保持在10℃左右，花莛就比較容易抽出，否則便會出現夾箭現象。

④水分缺乏。君子蘭抽箭階段，需水量較多，如果這時供水不足，也會出現夾箭現象。

⑤爛根。君子蘭爛根，會影響花箭的抽出，應儘早發現，儘快處理。

（2）防治措施

發現夾箭現象，正確分析和找出原因，對症下藥，君子蘭夾箭問題在一定程度上是可以解決的。

①溫度不夠。如果是因為溫度低造成的，就要迅速採取增溫措施，可把花盆放到墊有硬紙板或木板的暖氣片或火炕炕梢上；也可用間接增溫法，把花盆放到燒熱的磚頭上或熱水袋上，每天兩三個小時。

②肥力不足。如果是肥力不足，就要迅速增施發酵過的豆餅水、魚腥水或動物蹄角水等液體肥料，或向葉面噴施0.1%～0.2%磷酸二氫鉀溶液，進行根外施肥，促進快速出莛，提早開花。

③缺水。如因缺乏水分引起夾箭的，可每隔3～5天澆一次。但澆水過多會降低溫度，可以加溫，水的溫度以稍高於土溫為好。在處理由於缺水造成的夾箭時，常遇到盆土不滲水，多半是由於土壤板結或盆內根系太多所致。這時要重新疏鬆土壤或馬上翻盆換土。換土時選較大的花盆，底部鋪放2～3公分厚的粗沙。將磕出的整個土團放在新盆中，不要剝落宿土，以免傷害根系，然後向四周填加滲水性能較好的培養土，蹾實，澆20℃～25℃的溫水。溫水以手指伸進水中感覺不涼不熱為宜。以後連續澆溫水10～15天，花莛即可長出。

④施促箭劑。目前有一種「君子蘭促箭劑」。這種藥劑能促進君子蘭細胞核酸和蛋白質的合成與代謝，加速營養物質的轉化和細胞的分裂，使花莛的生長加快，莛莖挺勁有力。使用時，可每天往盆中滴一次，每次7～8滴，一般用後5～10天就能見到明顯效果。但不能往夾箭處滴，以防全株爛死。此物係生物化學製劑，為無毒、無臭、無味的透明液體。

⑤放鬆葉鞘壓力。君子蘭由營養生長轉入生殖生長期時，要仔細觀察，如果發現假鱗莖凸起，一側肥大，花心葉片出現「箭道」，說明花莛已經形成。這時要停止施肥，如果繼續施肥，會造成葉鞘和假鱗莖更硬，壓力更大，把花莛夾在裡面抽不出來。在發現這種現象時，可用消毒過的小刀把花莛兩邊的葉鞘分割開1.5公分，減小葉鞘對花莛的壓力，即可促使花莛的抽出。

⑥促花枝往上長。當發現有夾箭的可能時，立即用半瓶生啤酒灌澆，也可挽救出來。亦可將「夾箭」的兩片葉子用硬紙襯或其他不致傷害葉片的東西撐住，避免葉片間相互擠壓，促使花枝往上伸長。

25. 矯正君子蘭「歪葉」

君子蘭除少數品種的葉形本來就不規則外，多數君子蘭都是「側視一條線，正視為開扇」，十分整齊美觀。但如果長期放著不管，或今天這麼放，明天那麼擺，採光角度經常變動，勢必導致葉片七扭八歪。因此，為了使君子蘭葉片層次清楚，美觀大方，觀賞效果好，就需要採取措

用金屬絲做成半圓形，豎立在葉片的前後兩面。

圖72　轉盆與整形的方法

施，進行人工整形（圖72）。

（1）君子蘭歪葉的原因

君子蘭的莖葉具有較強的趨光性。向光一側假鱗莖葉片細胞生長慢，背光一側卻生長快，結果莖和葉朝生長慢的一側彎曲，從而使原來生長整齊的葉片出現「歪出」或「歪進」的「歪葉」現象。如一株君子蘭有幾片葉子歪了，那麼，這盆君子蘭的觀賞價值就大大降低。

君子蘭歪葉與品種也有關係，如染廠、大老陳等品種很容易出現歪葉植株。

（2）君子蘭葉片整形

①光照整形。採用轉盆日曬和遮光迫葉的辦法來矯正君子蘭的歪葉現象。即在君子蘭養護管理過程中根據實際情況轉動花盆的位置，使葉片受光的刺激向所需方向移動，起到調整作用，可矯正君子蘭因單面光引起的葉片變

歪。具體操作方法是：根據君子蘭生長季節和光線的強弱，有規律地轉動花盆方位，使君子蘭不同的側面在間隔相等的時間裡接受等量的光源。

一般情況下，生長季節可每隔2～3天轉動一次；生長緩慢季節可4～5天轉動一次，轉動的次數和角度應儘量相同。對於嫩葉歪斜度較大、老葉變形稍小的君子蘭植株，可採用遮光迫葉的方法給予糾正。

即採用不透明的黑色紙板擋住其他三面的光線，使其按照需要彎曲的方位充分接受光照，強迫變形的葉片向所需要的方向彎曲，使君子蘭植株挺拔直立。

②機械整形。機械整形方法很多，通常用竹篾條彎成兩個基本相同的長半橢圓形，長半橢圓形的兩端順在君子蘭扇形葉片的兩邊，分別插進花盆內。形成日出形狀的夾圈夾住葉片，緩慢有序地逐漸改變假鱗莖和新葉片的方向、位置及植株的形態。如果半橢圓圈竹篾條不能形成夾勢，可用綠色塑料細絲拉住圈，但是應避免損傷葉片。

在用拉力改變君子蘭葉片角度時，可以分次進行。一般來說，第1次可改變10°～12°，第2次可改變6°～8°，第3次可按照自己需要的角度拉平，或者給予略大於要求的角度，使之矯枉過正。每次向內拉的間隔時間一般為3～4天。這樣經過一段時間牽拉，當葉片可塑性固定後，便可解除機械外力。

（3）君子蘭葉形保持

為了保持葉形的美觀，使其生長均勻，可以由人為控制溫度和水分的辦法，適當抑制其生長速度。特別是夏季高溫

季節要降低溫度，防止其葉片徒長。而在冬季，室內溫度多在15℃左右，適於君子蘭的生長和開花，是君子蘭的開花旺盛期，此時君子蘭葉片肥厚，花朵豔麗，株形美觀。

26. 讓君子蘭快速生根發芽

君子蘭種子發芽緩慢，從播種到長出胚芽鞘，需要40～50天。為了促進君子蘭種子快速發芽生根，在播種以前對種子進行浸種或切皮處理是非常必要的。做法是：

（1）種子浸泡

要將播種的種子放入適當溫度的容器裡，用新鮮開水涼至40℃左右時倒入容器裡，種子接觸水分後立即吸水，這時水中微起一些小水泡，這說明種子已經開始吸水。種子經過浸泡，種皮和胚乳逐漸軟化膨脹，一般經過24～36小時，即可將種子取出稍涼一下，就可播種。經過這樣處理的種子，15～20天就能生出胚根。

（2）磷酸鈉處理

收穫的種子晾乾後用10%的磷酸鈉浸泡20分鐘，取出洗淨後放在溫度與溫室相同的溫水中浸泡24小時，再播種在顆粒直徑為0.15公分的細沙基質的生物培養箱中進行培育。在室溫保持20℃～25℃，相對濕度保持在85%～95%的條件下，最快的6天就開始萌發出胚根，最慢的也只有15天。

（3）切開種皮

種子成熟後，馬上把種子剝出來，立即用刮臉刀片在芽眼處外圍輕輕轉一圓圈（切破表皮即可），切開一高粱

米粒大小圓的天窗，劃開的種子皮（就是高粱米粒大小的皮）用鑷子去掉。或用刮臉刀片在芽眼正中間處，從上至下，從左至右各劃一刀（劃破表皮即可），切成一個「十」字樣的破口，使芽眼處的種子皮破開。這樣做就會提前長出胚根，這是關鍵。

經過上述處理後的種子，馬上浸泡在30℃～40℃溫水中3～4小時，然後撈出。用3～5層厚口罩布浸於25℃～30℃的溫水中，取出，用手將布攢至不滴水為宜，將種子包起來，放在有蓋的搪瓷盤或其他容器內，溫度要在20℃～25℃，每天把紗布用溫水浸一遍。這樣做最早8小時左右就能長出胚根，最晚2天左右能長出胚根。等胚根長到2～3公分的時候，可根據種子的多少，移至盛有腐殖土的花盆或木箱裡。這樣做不但時間可以大大提前，種子成活率也能大大提高，甚至可達到百分之百。

27. 讓君子蘭延長或提前開花

溫度對君子蘭開花期有很大的影響，溫度過高，花期較短，夏季開花一般只能維持10～20天，而在溫度適宜的冬、春季開花可維持30～40天，不同的溫度對花期的影響可見表3。

從此表可以看到，不同的溫度使君子蘭持續開花的時間也不同，但並不說明溫度越低越適宜於開花。

從實踐中觀察，開花最適宜溫度為15℃～20℃。在此溫度下開花正常，花色鮮豔。如果花蕾期溫度在10℃以下，則花朵不宜開放。開花後放於較低溫度下雖能持續較

表3　溫度與花期

花期溫度(℃)	開花持續時間(天)
8～12	60～70
12～15	40～50
15～20	30～40
25～30	10～20

長時間，但花色較淡。在栽培中，常用持續低溫的方法來人工延長花期。

在實踐中，也可以透過人工控制溫度來使花期提前。具體方法是當花莛開始抽出時，增加底溫，保持25℃～30℃，加大肥水，以加快花莛抽生速度，這樣可提前7～10天開花。

28. 讓君子蘭安度炎夏

君子蘭對光照要求不嚴，喜半陰，怕直射陽光。由於夏季氣溫與土溫較高，易使根系發生紊亂，吸收營養不平衡而導致拔脖、竄葉，甚至出現爛根、爛莖、枯葉以及葉片纖弱、暗淡無光的現象發生。因此，要讓君子蘭正常生長，安度炎夏，必須採取以下幾點措施：

（1）遮　光

君子蘭是中光性花卉，適合於春、秋季柔和的光照，不宜烈日暴曬。夏季，中午要避免日光直射，將盆花置於蔭棚或樹蔭之下。溫室苫簾子創造的低溫加散射光對其最為適宜。

　　家庭養花，午間不要放在暴曬的陽臺上，應置於室內能見光的地方。早、晚拿出去曬，10～14時（天熱時9～15時，因時因地而異）放在陰涼處。同一室內，陽面和陰面溫度差別很大，要注意調節。

　　（2）降低溫度

　　降溫調節小氣候，通常有以下幾種辦法：

　　①搭蔭棚。用葦簾等遮擋物為君子蘭在房前屋後搭一蔭棚，可以比日光直射的時候降溫3℃～5℃，並且通風良好。

　　②掛窗簾。如果君子蘭必須放在室內，夏季要在窗上掛一白色帶有小眼的窗布，且要使君子蘭花盆遠離窗臺1公尺。

　　③噴霧灑水。用小型噴霧器向葉面噴水霧，噴後要及時用紗布擦乾淨，防止水滴順葉面將塵灰帶進葉心而導致爛心。

　　④水池降溫。把君子蘭花盆用硬質物墊起，放到水槽中。沒有水槽的也可以用洗臉盆來代替。每天換水1次即能降溫。

　　⑤鋪河沙、鋸末降溫。在花盆底下鋪一層河沙或鋸末，每天往河沙或鋸末上灑一兩次水，可收到間接降溫的效果。

　　⑥自然通風。把花盆放於過道或土地、水泥地上，既可以通風又可以降溫。

　　⑦人工通風降溫。中午把花盆放於電風扇前1公尺處，吹1小時風也能達到降溫的目的。

⑧撤土降溫。把君子蘭上部盆土取出一部分，使肉質根部分暴露在外，也可降溫。

⑨地窖降溫。如有菜窖或地窖，高溫季節每天中午可將君子蘭移進去放2～3小時。

（3）澆　水

君子蘭原產於南非的原始森林中，那裡的降雨量各個月份是不同的，這就使它形成了形態上和生理機能上的特殊性。

君子蘭葉面寬大，質地柔嫩，要求土壤含水量較高、空氣濕度大。在炎熱的夏天，君子蘭生長緩慢，根系吸收水分少，但葉面水分蒸發量卻很大。所以，君子蘭不能缺水，否則肉質根萎縮，葉形瘦弱，暗淡無光。

君子蘭澆水時間應以下午6～7時為宜。夏季日照時間長，溫度高，君子蘭需要降溫，但中午不能澆水，因為中午盆土溫度高，水分溫度低，二者溫度差異很大。如果這時澆水，君子蘭葉尖生長點易受刺激，容易引起「感冒」，對君子蘭生長發育不利。到了下午6～7時，土壤的溫度降低了，水溫降低的幅度小，這時水溫基本上接近土壤溫度，此時是夏季澆水的最佳時間。同時，傍晚澆水，能進一步降低土壤溫度，滿足了君子蘭要求白天溫度高、夜晚溫度低的生長習性。

在澆水方法上，要堅持半乾就澆水、一澆就澆透的原則。但也不能一見表土乾了就澆水，否則盆土長期處於潮濕狀態，很容易爛根、葉黃。澆水時注意不要讓水淌進葉心，以免發生爛心病，導致「砍頭」。

（4）控制施肥

君子蘭生長的適宜溫度為24℃，夏季炎熱，一般停止生長，呈半休眠狀態。因此，要控制施肥，儘量少施肥或不施肥。因為這一時期它的根系吸收能力弱，如果施肥或施肥稍多，肥料長期積累在根系周圍，最易造成爛根、爛莖現象。但在此期間，如果能將君子蘭生長環境的溫度降至25℃以下，則可適當施些稀薄液肥，以促進其生長，縮短其休眠期；如溫度降到20℃以下，濕度又達到要求，則可照常施肥。

（5）除蟲防病

夏季，君子蘭如養護不當，在炎熱的氣候環境中，常會出現葉尖枯萎。一旦發現這種情況，就要進行藥物防治，可用殺菌劑如托布津、多菌靈溶液噴灑，每半個月一次，以增強其抗病害的能力。

君子蘭的主要蟲害是吹綿蚧（棉花蟲）。此蟲多以幼蟲和雌蟲在君子蘭葉片基部吸食寄主葉液，使葉片發生萎蔫。可用毛刷蘸「白治屠」或肥皂水擦抹患處，也可用1%敵敵畏將紗布浸濕放在花盆土面上，但切不可用六六六或樂果等農藥，以免發生藥害。

十、病蟲害防治

1. 君子蘭在每年秋冬季進房前為什麼要噴灑藥劑？

因為君子蘭在這個時期雖然很少病蟲害，但這個時期噴灑藥劑（圖73），會對君子蘭的生育期產生較好的效果，所以，在移入室內前每月噴灑1次1500倍殺螟鬆乳劑或1000倍托布津液，以防治病蟲害。

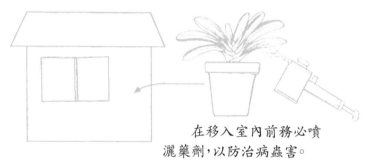

在移入室內前務必噴灑藥劑，以防治病蟲害。

圖73 病蟲害的防治

2. 君子蘭爛根怎麼辦？怎樣防治？

君子蘭爛根病多發生在7～8月份高溫高濕的環境或澆水過多的時候，在其他各個生長時間也會發生。苗期從葉基以下全部爛掉，生長期多從根中部以下爛掉，呈現褐色病斑，嚴重時會導致植株死亡，因此應重視防治工作。

（1）爛根的原因

君子蘭爛根的原因很多，主要有以下幾點：

①施肥不當。苗期爛根主要是營養土糞肥沒發酵透，造成發熱燒根引起爛根；生長期爛根主要是施肥不當，施肥量過大，造成肥料接觸根部，葉片局部變褐色並出現穿孔。從根的生理機能來看，施肥過多，土壤中有機質濃度過大，抑制了根的吸收能力，土壤通氣狀況不良，根的組織被破壞造成爛根。

②澆水過多。尤其在夏季高溫和冬季室內溫度較低的情況下，如澆水過量，加上室內通風較差，極易引起爛根。

③盆土較差。培養土配製比例不當，造成盆土板結、通透性差，引起盆內長期積水傷根；或培養土中的有機質肥料事先未經發酵，導致燒根。

④土溫過高。這種情況多發生在冬、春季節孕蕾期。有人為了給君子蘭加底溫，把花盆直接放在暖氣片上或熱炕上，表土乾了就澆，加上通風不好，肉質根很快就被焐爛。

⑤病菌侵染。君子蘭分株時，創傷外沒有消毒，細菌侵染，也易造成爛根。

（2）防治方法

①改善環境。保持良好的通風透光環境，降低溫度，加強栽培管理，可使君子蘭植株生長健壯，從而提高植株的抗病耐病能力。

②爛根處理。發現爛根的植株，應立即將病株從盆內磕出，輕輕剝去泥土，用清水沖洗乾淨，再用清潔的利剪

徹底清除腐爛根須，把根放入0.1%高錳酸鉀溶液中浸泡5分鐘消毒，蘸少許硫黃粉或草木灰，再用多菌靈塗抹傷口，晾2～3天後，栽在經過消毒的沙土裡，促發新根；如爛根較少，可換上新的培養土（盆土經過消毒），重新上盆，上盆後，由於沒有根，可用支架固定（圖74）。

上盆後要嚴格控制澆水，不乾不澆，放在通風陰涼處。30天後葉片如不萎蔫，則已成活。

因根腐使整株傾倒

去掉被病菌侵害過的根系，然後用藥劑消毒，在陰涼處放2～3天。

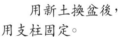

用新土換盆後，用支柱固定。

圖74　爛根處理

如果肉質根已全部爛掉，也不要把植株扔掉，可把爛根部分全部剪掉，洗淨根莖，塗上木炭粉後，放入細沙盆中催根，經過兩三個月，還可重新生根發芽。

3. 君子蘭為何黃葉？怎樣防治？

君子蘭黃葉有多種表現：葉片全部變黃，往往是日燒病的症狀；葉片從葉尖開始變黃，往往是由於培養土沒有

完全腐熟，或肥水過大，造成燒根所致；個別葉子發黃，很可能是火烤、冷風吹或酸鹼侵蝕的結果；君子蘭整株發黃，多是患營養缺乏症；還有一種葉片變黃是缺乏光照引起的。這些都是由於管理不善引起的一種生理性病徵，可針對不同病因，採取相應的防治措施。

（1）施肥不當

君子蘭的肉質根系粗壯肥嫩，最忌施過多過濃肥料或施用未經腐熟的有機肥。否則，很容易造成燒根，輕者引起葉尖變黃、葉緣枯焦，重者導致全株赤黃枯死。

【防治方法】

①沖浴。立即增加澆水次數和澆水量，沖淡濃肥。同時，要防止積水。

②換土。如果是生肥造成的危害，就要把盆土全部倒出，剪除爛根，用清水洗淨後，用木炭粉末塗傷口，再栽入新換的經過消毒的營養土盆中。第1週要控制澆水，1週後轉入正常管理，可放在半陰半陽環境中，保持18℃～20℃的溫度，使其逐漸恢復生機。

（2）外界刺激

君子蘭喜陰涼濕潤環境。如將君子蘭置於高溫乾燥的環境下再加烈日暴曬，或置於悶熱不通風處，就會抑制君子蘭植株體內酶的正常活動，使葉片裡的葉綠素遭到破壞，導致君子蘭葉片萎黃。冷風吹、火燙、酸鹼污染也會造成葉片發黃。

【防治方法】

①遮陽。夏季要把君子蘭放在蔭棚或陰涼、通風的地

點，用蔭蔽度為50%的光照射君子蘭。

②降溫。在君子蘭植株周圍及地面噴灑水，以提高濕度，降低溫度。

（3）排水不良

連綿陰雨或澆水太勤，往往會使盆土處於積水狀態，造成土壤中氧氣減少，不能滿足需要，導致君子蘭生命活動失常，根系腐爛，嫩葉尖變黃，繼而老葉也變黃。

【防治方法】

①避免雨淋。

②控制澆水。

③經常鬆土。

④停止施肥。

（4）土壤乾旱

盆土過於乾旱，土壤缺少水分。嚴重時君子蘭老葉死亡，新葉乾尖。

【防治方法】

①經常保持盆土濕潤而疏鬆。

②盆土過乾造成黃葉時，可先適量澆水。

③在氣溫高而乾燥的情況下，要注意均衡澆水。

④待君子蘭逐漸恢復生機後，可轉入正常水肥管理。

需注意的是，君子蘭黃葉有時還因為患「感冒」引起。如初春季節，剛剛從緊閉的室內移至通風處，如不注意讓它有個適應過程，它也會像人一樣患傷風感冒而引起黃葉，所以，調整溫度時，一定要讓它有個適應過程。

4.怎樣防治君子蘭葉斑病？

葉斑病是君子蘭栽培中的常見病，屬真菌病害。嚴重時，整個葉片很快就會變得千瘡百孔，失去觀賞價值，因此，應注意防治。

（1）症　狀

本病發生在葉片上，有時也發生在果實上。發病初期表現為退綠色病斑，繼而發展成褐色小斑點，其形為近圓形、多角形或不規則形（圖75）。嚴重時為黃褐色至灰褐色，邊緣隆起有米黃色球狀細菌膠質流液，裡邊下陷。後期病斑乾枯，中心出現黑色顆粒狀，即病原菌的分生孢子器。健康組織和病態葉片分界明顯，此病多發生在高溫乾燥的條件下，病菌從氣孔或傷口侵入所致。

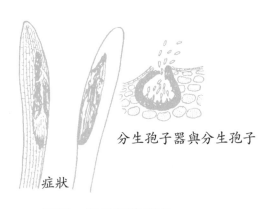

分生孢子器與分生孢子

症狀

圖75　君子蘭葉斑病

（2）發病原因

①營養土太生。培養君子蘭所用的培養土，必須是充分發酵的，土的鹼性也不能太大，如果用沒有發酵好的土

培育君子蘭，就很容易長鏽斑。

②肥料沒發酵好。用沒有充分發酵好的餅肥、油料種子肥或魚腥水澆君子蘭，會使更多的微生物和細菌在盆土中繁殖，影響君子蘭的正常生長。

③盆土消毒不好。有的君子蘭得葉斑病，是由黴菌引起的，透過顯微鏡檢查可發現菌落或菌絲體、孢子等。

④缺乏營養。葉子上有紫褐色、黃綠色斑點，這是植株缺肥的表現，特別是缺鉀肥。

⑤保護根部不夠。有的君子蘭個別葉片發生鏽斑，往往是因肥料直接接觸某一肉質根或某一肉質根機械挫傷所致。

（3）防治方法

①加強管理。加強蒔養管理，保持土壤濕潤。如由人工除蟲，操作時要精心細緻，儘量減少創傷，杜絕病菌侵入植株體。

②換土。萬一發生了葉斑病，如有條件就果斷地採用換土辦法徹底解決（換掉的土不能再留用）。換土時要把肉質根用清水洗淨，晾乾後再上盆。

③剪除。如已發現爛葉，就乾脆剪掉，防止孢子擴散。

④用藥。為防止和抑制真菌蔓延，還可配合藥物治療。在發病初期，可用50%可濕性多菌靈粉劑加1000倍水製成溶液，或用50%可濕性托布津粉劑加1000～1500倍水製成溶液，或用60%的福美硫黃加1000～1500倍水製成溶液等進行葉面噴灑，每週1次，連續3次，可以起到治療

或預防作用。

5. 怎樣防治君子蘭日燒病？

君子蘭日燒病又稱日灼病，其病因為生理性傷害。此病多發生在炎熱的夏季，尤其是幼苗期葉片較嫩，最易發生此病。植株在強光直射下，葉片發黃，輕者病株葉緣變白，或葉片出現邊緣不清晰、乾枯斑塊；重病株葉片組織壞死，受害處變成枯焦狀。

【防治方法】

①溫室管理。溫室栽培君子蘭，一般6～9月份都要遮陽。當溫度達到30℃時要開窗通風、遮陽或向地面與葉面噴水降溫。

②家庭養護。家庭栽培君子蘭，入夏後應將花盆置放涼爽通風處養護，避免高溫和強光直射，如有條件將花盆置放於葡萄架下則更安全。

③剪除病葉。君子蘭一旦發生日燒病，嚴重時，可將部分被害葉片剪去；如日灼葉片輕，只有少量局部灼傷，可不必剪切，以免影響整株生長。

6. 怎樣防治君子蘭白絹病？

君子蘭白絹病在各地普遍發生，而南方多雨地區發病最為嚴重，病株率達20%左右。

（1）症　狀

白絹病又稱菌核根腐病。病害開始發生時，植株莖的基部接近土壤處，產生水漬狀褐色不規則病斑（圖76），

菌核

圖76　君子蘭白絹病

皮層軟腐，不久生出白色絹絲狀菌絲體，菌絲體在根際土表蔓延，多數為輻射狀，尤以菌絲體邊緣最為明顯。後期形成許多小菌核，菌核初為白色，後變為黃色，最終為褐色或茶褐色，呈油菜子狀。當莖基部全部腐爛壞死時，植株地上部分便全部枯萎死亡。

（2）發病規律

白絹病屬真菌性病害，菌核在病株殘體及土壤中越冬，來年環境條件適宜時，即萌發菌絲侵害寄主。病害喜高溫高濕，生長最適溫度為30℃～35℃，低於15℃或高於40℃則停止發展。在18℃～28℃和高濕條件下，從菌核萌發至新菌核再形成，僅需1週左右。全年以6～7月發病最重，9月份以後病害逐漸停止發展。溫室內的盆花，在冬季也可發病。菌核對不良環境的抵抗力強，在土壤中能存活3～4年，在灌水條件下3～4個月即死亡。

（3）防止方法

①土壤消毒。盆栽時，切忌使用帶菌土壤。一般土壤

要先行消毒，如用加熱消毒法消毒，溫度要在50℃以上，經過24小時。

②拔去病株。除去土壤表面和莖基部的白色菌絲和菌核，集中燒毀，並在病穴四周撒些石灰粉消毒；或用70%五氯硝基苯粉劑加新土100倍配成毒土，分層撒施，每平方米用藥1.5～3克。

③發病初期處理。在植株的莖基部及周圍土壤上，用50%托布津可濕性粉劑500倍液，或50%多菌靈可濕性粉劑500倍液澆灌，隔7～10天再澆灌1次。澆灌時只要滲及根部即可。

④化學消毒。對已爛去根部的君子蘭可切去病部，基部以0.1%汞水消毒5分鐘，水洗後稍晾乾，再浸於α–萘乙酸0.005%～0.01%（50～100毫克／公斤）中5～8小時，重新扡插在無菌濕沙土上，可以重新生根，1個月後移植於花盆中護理。

7. 怎樣防治軟腐病？

細菌性軟腐病是君子蘭常見病害。發病時常常引起葉片軟腐，嚴重時植株倒伏，輕者影響觀賞，重者全株爛掉。

（1）症　狀

軟腐病主要危害君子蘭的葉、莖。發病初期，葉片出現暗綠色水漬狀病斑（圖77），逐漸擴展蔓延，病組織變褐色軟腐，與健康組織界限分明。後期病組織乾枯下陷，嚴重時整個葉片軟腐下垂，用手一拔即與莖部脫離；莖部

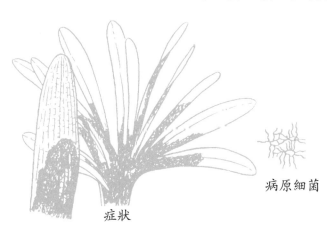

病原細菌

症狀

圖77　君子蘭軟腐病

感染向上蔓延至葉基部，向下蔓延到根部，病組織軟腐，導致整株倒伏死亡。

（2）發病規律

該病由歐文軟腐菌所致。地區不同致病菌種也有區別，在長春為胡蘿蔔歐文軟腐菌，而在南京是另一種歐文軟腐菌。細菌在病株殘體上存活，多從傷口侵入植株。夏季高溫、濕度過大、室內空氣不流通等環境下容易發病且危害嚴重。介殼蟲危害嚴重時發病也嚴重。

（3）防治方法

①加強栽培管理。改進澆水方式，最好從盆沿澆注，切忌將水澆入心葉。家庭養花者，如遇此情況，可用脫脂棉將心葉中的積水吸盡。室內要有良好的通風條件，及時防治介殼蟲。

②消毒。在栽培管理中，必須嚴格進行消毒，保持植株通風透光，控制盆土水分，盡量避免病菌傳播。如發現

軟腐病,應把病株分開,再將周圍的培養土扒開1～2公分厚,把發病部位明顯露出來,掰開腐爛的葉片,用消毒刀刮去腐爛部分,並適當加強光照,保持通風乾燥。

③藥物防治。發病初期噴灑0.5%波爾多液或200毫克／公斤農用鏈黴素或土黴素0.02%～0.05%（200～500毫克／公斤）防治,也可用青黴素、土黴素500倍液塗抹病斑。發病較重時,可先剪除病葉再行噴藥,以提高防治效果。據青島園林科研所報導:將已感染的植株及時連根拔起,去掉附著的土壤及腐爛的部分,置於0.1%高錳酸鉀溶液中浸泡5分鐘,再用清水沖洗乾淨,將根朝上放在陽光下曬30分鐘,然後陰乾4～5天,並將盆土高溫消毒,等土壤徹底冷卻後上盆。

栽植時埋土不宜太深,然後澆足水置於陰涼處緩苗10～15天即長出新葉,可取得良好的防治效果。

8. 怎樣防治炭疽病?

炭疽病是君子蘭栽培中的常見病,屬真菌病害,中國南北各地發生很普遍。

（1）症　狀

主要感染葉片。尤其是植株中部葉片的葉緣更易受害。發病初期呈現濕潤狀褐色病斑（有時出現粉紅色膠質黏液,即病原菌的分生孢子盤及分生孢子堆）,發展擴散後,呈半圓形或不規則的橢圓形的紅紫色或暗黑色的病斑,中央為淡褐色或灰白色稍有些凹陷,病斑不久便逐漸擴大,四周可見輪紋斑痕,周圍呈現黃褐色,病斑逐漸萎

縮乾枯，斑上散生著黑色粒狀物，發病嚴重時引起整個葉片變黑枯萎。在夏季，植株偏施氮肥、缺乏磷鉀肥的情況下，炭疽病發生較多。

（2）防治方法

①加強植株養護。增加磷鉀肥，控制氮肥，提高植株抗病力。

②盆花放置不要過密。以保持良好的通風條件，供水應從盆沿注入。

③及時剪除病葉並燒毀或深埋，以防蔓延。

④藥物防治。發病初期可噴70%托布津1000～1500倍液，或50%多菌靈800倍液，或用60%的炭疽福美加800～1000倍水溶液，每週噴灑1次，連續3次，能夠預防和治療此病。

9. 怎樣防治爛葉病？

爛葉病又稱砍頭病，是威脅君子蘭生命最嚴重的病患之一。此病多發生在長江流域及其以南地區，對君子蘭的生長和發育影響極大，因此，應注意及時防治。

（1）症　狀

一般發病初期根尖生長點腐爛，然後逐漸擴散，引起莖尖葉心腐爛，有時5～6天即可將葉片全部爛倒，因此有人稱這種病為「砍頭」病。此病多發生在高溫多濕季節，由於微生物和大量細菌繁殖所致。

（2）發病原因

①肥水不當。肥多、水大、葉面保潔不好、黴菌感染

都可導致爛葉。

②氣候與環境不理想。天氣炎熱、不通風、肥過量、土質不疏鬆。

③手術不當。有的君子蘭葉子不規整或太「老」了，人們喜歡把它剪掉，這時會從剪口處流出苦水。這種苦水淌到葉子的根部，就會使花葉從根部很快全部爛掉。

另外，種子成熟後，剪花蕾時，花箭的剪口處也會流出一些苦水，如不馬上擦乾淨，淌到花葉根部，也會導致君子蘭「砍頭」。

④噴水不當。在君子蘭每片葉的根部都附著一層保護膜，不易被人發現。當往花葉上噴水時，若不注意或不得當，使每兩片花葉根部中間都進了一些水，這就會使葉片根部的薄膜腐爛，導致「砍頭」。

（3）防治方法

①溫度適宜。置放君子蘭的地方溫度不能過高，避免中午太陽照射。自然條件不理想，可人工調整。

②良好的環境。栽培君子蘭的土壤要疏鬆，肥水要適當，置放處要通風、透光。

③修剪後的處理。修剪葉片或剪箭時，一定要把淌出來的水擦乾淨。不要往葉子上噴水，以免葉子根部進水，使薄膜腐爛導致「砍頭」。

④心葉腐爛的處理。如心葉已經腐爛，就要把葉片從假鱗莖處全部切掉，用木炭灰塗抹後，栽植於經過消毒的土壤中，以便在假鱗莖上再度萌發新芽。

10. 怎樣防治介殼蟲？

介殼蟲是一種具有刺吸式口器的害蟲。此種害蟲多發生在高溫多雨的季節，多數蟲體覆有一層蠟質，具有較強的抗藥能力。如不及時防治，嚴重時可致植株死亡，是危害君子蘭的最主要的害蟲。

（1）症　狀

中國南北各地危害君子蘭的介殼蟲主要有吹綿蚧（圖78）、紅圓蚧和褐軟蚧。這幾種蚧蟲，均常以若蟲和雌成蟲群聚於君子蘭葉背、葉基部等處，吸取汁液，影響植株生長。嚴重時造成葉片枯黃，並誘發煤煙病害發生，影響君子蘭生長和開花。

此外，其排泄物易繁殖黴菌，使葉片變黑，影響光合作用，使植株長勢不旺，葉片枯萎，失去觀賞價值。

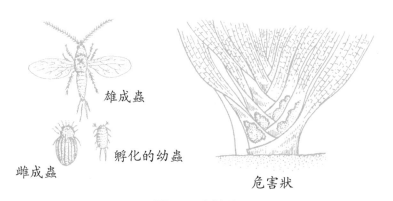

雄成蟲

孵化的幼蟲

雌成蟲

危害狀

圖78　吹綿蚧

（2）防治措施

①人工除治。因為這種介殼蟲一旦離開植物體，就無

法生存。因此，用人工除治的方法可以消滅介殼蟲。用竹籤、毛刷蘸水，輕輕把介殼蟲和煤煙病菌除掉，再用水清洗，即可消滅介殼蟲。在除蟲操作過程中，要注意不要將葉片擦傷。

人工除治介殼蟲最好選在介殼蟲的若蟲和成蟲期。如果是在成蟲產卵時，就連蟲卵一併刮除，集中消滅，但人工除治往往不夠徹底。

②藥物防治。化學藥劑除治介殼蟲，是大面積治介殼蟲的主要方法。初孵的若蟲，身上的膠質、蠟質等保護物較少，最易著藥，蒔養者可以抓住這個有利時機，用觸殺性藥劑除治介殼蟲。一般可用80%的敵敵畏乳劑加1000～1500倍水製成溶液，或用90%的敵百蟲結晶體加1000～2000倍水製成溶液，或用50%的鋅硫磷乳油劑加1000～2000倍水製成溶液，或用25%亞胺硫磷1000倍水製成溶液，或用2.5%溴氰菊酯3000倍水製成溶液，對葉片的正面及背面進行霧狀噴灑即可消滅此害蟲。

對二齡以上的介殼蟲，由於蟲體覆蓋膠質和蠟質，必須選用高效低毒的殺蟲劑。如用40%的氧化樂果乳油劑加1000～1500倍水製成溶液，50%的乙硫磷乳油劑加1000～1500倍水製成溶液，或者用50%的馬拉硫磷加800～1000倍水製成溶液進行霧狀噴灑，均可以預防和除治介殼蟲。

此外，還可用甲胺磷原液環塗，不論何時都能收到良好效果。此法操作簡單，用一根竹籤，一端撐上一點棉花蘸藥塗於患處，每3天1次，連續3次即可。如遇產卵期，間隔7～10天再塗1次，便可消滅。藥量應根據君子蘭大

小而增減，同時，要注意新葉和嫩葉最好暫時不塗，更不可在創傷後塗藥，以免造成藥害。

用40%馬拉硫磷1000～1500倍水溶液灌根，或用3%呋喃丹顆粒劑，散佈根區周圍，然後覆蓋表土，再澆透水。施用量是：60公分口徑的花盆施用量為30克，40～50公分口徑的花盆施用量為25克，28公分口徑的花盆施用量為10克，17公分口徑的花盆施用量為5克。

③生物除治。介殼蟲的天敵很多，主要是瓢蟲、寄生蜂、寄生菌等。特別是瓢蟲中紅緣黑瓢蟲，一生中能捕食介殼蟲2000條。

11. 怎樣防治小地老虎？

小地老虎是（圖79）是一種主要地下害蟲。一株株君子蘭的嫩葉、小苗，很快從地面被咬斷，成齡老株的葉基有時也會被斷裂成鋸狀痕，嚴重影響植株生長和降低其觀賞效果。

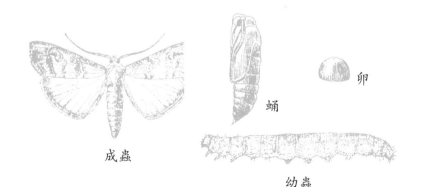

成蟲　蛹　卵　幼蟲

圖79　小地老虎

（1）生活習性

該蟲以蛹及老熟幼蟲在土中越冬。越冬蛹於3月下旬至4月上旬大量羽化。成蟲飛翔力強，大量繁殖。每一雌蟲通常產卵1000～2000粒。在華北地區1年發生3代，長江流域1年發生4代，以第1代幼蟲危害最嚴重。幼蟲危害期分別在5、8、9、10月份。

（2）防治方法

①清除雜草。清除周圍雜草，以減少小地老虎成蟲產卵場所和幼蟲的食料。

②人工捕捉幼蟲。清晨在被咬斷的苗或殘留有洞口的被害葉、莖周圍，將土扒開尋捕幼蟲，扒土深度5公分左右。進行此項防治要及時，否則，幼蟲爬離危害處後就不容易找到。

③毒殺。用50%鋅硫磷乳油1000倍液，50%敵百蟲原藥1000倍液澆灌，可以毒殺土中幼蟲。

④誘殺。用黑光燈或糖醋餌液（糖、醋、白酒、清水的比例為6∶3∶1∶10，另外加少量胃毒性的殺蟲劑），誘殺成蟲。

⑤夜間防治。幼蟲危害嚴重的地方，夜間噴施24%萬靈液劑2000倍液，或50%辛敵乳油2000倍液防治。

12. 怎樣防治蝸牛？

蝸牛在中國南北各地均可生長。在園林植物上危害的蝸牛有4種：灰巴蝸牛、薄球蝸牛、同型蝸牛、條華蝸牛，常見的為灰巴蝸牛。蝸牛在溫室內危害菊花、蘭花、

大麗花、八仙花和君子蘭等。因此，必須注意防治。

（1）形態特徵

灰巴蝸牛（圖80）有兩對觸角，後觸角較長，其頂端長有黑色眼睛。貝殼中等大小，殼質堅固，呈橢圓形，殼面黃褐色或琥珀色並有密生的生長線與螺紋。卵圓球形，乳白色，有光澤。初孵化的幼貝為淺褐色。

圖80　灰巴蝸牛

【危害狀況】灰巴蝸牛1年發生1代，其壽命可達1年以上。蝸牛白天棲息在花盆底部或磚塊下，夜晚爬出到葉片等處危害。被害葉片上有零星小缺刻，爬過之處都留下銀色痕跡，影響君子蘭植株的光合作用與觀賞。

（2）防治方法

①經常檢查，發現後及時捕殺。

②施用8%滅蝸靈顆粒劑或10%多聚乙醛顆粒劑，每平方公尺用藥1.5克。

③在溫室內陰濕處及花盆下面撒石灰粉使其死亡。

13. 怎樣防治蛞蝓（圖81）

蛞蝓俗稱鼻滴蟲，為軟體動物，分佈較廣，主要危害溫室、苗圃和離地面較近的盆栽花卉。尤以夏季陰雨天氣危害嚴重。蛞蝓多棲息於花盆底部及漏水孔內。夜間出來活動覓食，啃食君子蘭嫩葉、嫩莖和花朵等部分，把君子蘭弄得面目全非，影響觀賞。

圖81　雙線嗜黏液蛞蝓

防治方法：

①結合管理捕殺。結合栽培管理，在翻盆換土時，注意發現蛞蝓，隨時捕殺。

②用鹽防治。將食鹽裝入紗網袋中，置於蛞蝓出入道口或盆株邊。蛞蝓爬過時，食鹽可吸去蛞蝓體內水分而使其死亡。

③使用敵百蟲和石灰。在君子蘭周圍及花盆上噴灑敵百蟲等農藥，或在花盆周圍撒上石灰，均有較好的防治效果。

14. 怎樣防治碧蛾蓑蛾？

碧蛾蓑蛾是一種鱗翅目食葉害蟲。以幼蟲啃食君子蘭葉片，被害葉呈缺口或孔洞狀，影響植株的生長和觀賞效果。

　　該蟲以幼蟲在護囊中（圖82）越冬，初春越冬幼蟲鑽出護囊開始危害，6～9月是當年幼蟲危害期。但一般該蟲發生不多，又容易發現，故危害一般不會很嚴重。

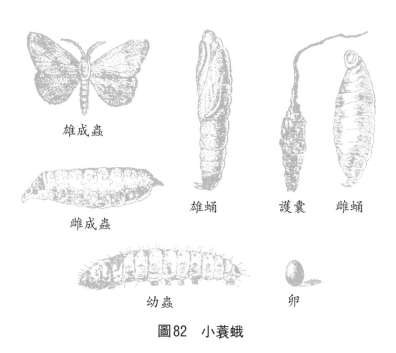

雄成蟲

雌成蟲

雄蛹　　護囊　　雌蛹

幼蟲　　　　卵

圖82　小蓑蛾

　　只要平時常觀察多檢查，便可發現蟲情。碧蛾蓑蛾幼蟲躲在囊袋裡，護囊掛在葉片下面，幼蟲不出囊袋，只伸出頭啃食、危害葉片。當發現葉片有被蟲啃食成缺口或孔洞時，就應尋找葉片下面的護囊，並立即摘除殺死。成蟲發生期可用燈誘殺。

　　15. 怎樣用無污染辦法防治君子蘭病蟲害？

　　用無污染辦法防治君子蘭病蟲害有以下幾種防治方

法：

（1）洗衣粉

用洗衣粉稀釋液防治介殼蟲有很好的效果。當介殼蟲若蟲發生盛期，用洗衣粉200倍液噴灑或用毛筆蘸洗衣粉液塗刷。

如用洗衣粉200倍液加0.3%的柴油乳劑（用洗衣粉25克，加入熱水少許，溶成糨糊狀，再加入15克零號柴油，不斷攪拌，再加水5公斤）噴灑，殺蟲效果很好。

（2）食　醋

用食醋（米醋）50毫升，將一小塊棉球放入醋中浸濕，而後將浸濕的棉球在受害的君子蘭的莖葉上輕輕揩擦，介殼蟲沾到醋液後就會死亡。這一方法既方便又安全，且可使君子蘭被害葉子重新返綠光亮。

（3）大蒜液

大蒜液防治君子蘭葉斑病等病害效果十分顯著。將大蒜剝去外皮，放於容器中搗碎成蒜泥，然後加入少量清水（1小粒大蒜加入20～30克清水），充分攪拌均勻，用毛筆或毛刷把蒜液抹在植株葉片上病部。

每隔5～7天塗1次，每次最好正反面都抹到病斑，連抹2～3次，便可治癒。此法取材易，花費少，效果好，很適合家庭君子蘭用。

（4）草木灰

①防治葉斑病。君子蘭葉斑病是普遍發生的一種病害。可用草木灰3份、生石灰1份混合拌勻後撒施，每盆40～60克；或過篩噴施。也可以單獨撒草木灰。對君子蘭

葉斑病有明顯的防治效果，且可兼治君子蘭白絹病。

②防治根腐病。草木灰對君子蘭根腐病亦有很好的防治效果。具體操作方法是：先扒開根部的土壤，儘量清除腐根，然後每株（盆）施入200～400克草木灰覆蓋根部，上面覆蓋泥土，治癒率達90%以上。

（5）高脂膜

高脂膜是用高級脂肪醇製備的成膜物質。高脂膜兌水稀釋後噴到君子蘭植株上，表面形成一層很薄、肉眼見不到的膜層。植株體表被覆膜層後，允許氧氣和二氧化碳通過，真菌芽管可以穿過膜層侵入植株體內；但病原物在植株組織內無法擴展或很少擴展，從而控制了病害。實踐證明，高脂膜對君子蘭葉斑病、炭疽病、瘡痂病等多種真菌性病害有很好的控制作用。未發病君子蘭植株噴灑高脂膜後，對預防病害有很好的效果。

高脂膜稀釋後還可噴灑在盆土表面，也形成一層肉眼見不到的膜層。盆土表面覆蓋有高脂膜層後，可控制土壤中的病原物侵害植株地上部分。這是一種簡便易行的預防君子蘭白絹病的方法。

【防治方法】在發病初期，用80～100倍的高脂膜液，均勻噴灑在君子蘭植株葉片上；5～7天再噴第2次，連續噴灑2～3次。防治效果可達90%以上。

十一、名品趣聞

你知道花臉之父「黃技師」的由來嗎？

　　許多君子蘭愛好者都喜歡葉片油潤碧綠、脈紋凸起，一年四季剛勁挺拔的花臉和尚、花臉短葉等新品種。可你知道這些花臉的君子蘭是如何培育出來的嗎？這還要從長春君子蘭名家公認的花臉之父——黃技師說起。

　　20世紀50年代，長春市生物製品所有一位名叫黃永年的技師，酷愛君子蘭。他曾用自己培育的白蘭花、茉莉花從一位名叫王寶林的教師處換來8顆君子蘭小苗。

　　這批小苗原是姜油匠培育的大花純種苗。由於黃永年蒔養得法，到1965年這幾株君子蘭開花時，其葉片碩大、寬厚，葉長40～50公分、寬10公分，葉子正面發亮潤澤如凝脂，顏色黃綠如春草初生，葉背面有白黃中透綠之感，葉脈紋大而稀疏，橫紋尤稀，葉脈凸起，脈絡呈長方形；花橘紅色，大而豔麗，花瓣上有金粉，花柄長6～7公分，果實呈球形。

　　黃技師最突出的特點是，葉片的長寬比例由親本的6：1變為4：1。其光亮的劍形葉片相對排列，猶如兩排持劍的衛兵簇擁著尊貴的皇後，數十朵嬌豔的筒狀小花構成傘形花序，宛如一頂華麗的桂冠，特別惹人喜愛。後來，

黃永年又用大勝利種子育出40多株小苗。這些小苗傳到社會上後，被人們稱為黃技師。

近年來，人們發現黃技師具有良好的遺傳性狀，所以，紛紛選其做父本或母本進行雜交。經驗證明，以黃技師做母本，授短葉或八瓣錦的粉，子代多為帶花臉的上品。所以黃技師堪稱為君子蘭的花臉之父。但現在社會上流傳的所謂黃技師，多是以黃技師為父本培育的第2代雜交苗，黃技師純種則十分難得。

「宮廷花卉」與「大勝利」有何關聯？

不少君子蘭愛好者都知道，在1945年9月3日抗戰勝利前，除了偽滿宮廷中養了少量君子蘭外，民間是沒有君子蘭的，所以當時的君子蘭被稱為宮廷花卉。抗戰勝利後，君子蘭才從偽滿宮廷傳入民間。當時有一株花大色豔的君子蘭被花工張友悌所得，後來他把這棵君子蘭交給了長春市勝利公園，人們為紀念「九三」勝利，就稱它為大勝利。多年來，深居宮廷的大勝利以及子孫們，為君子蘭的繁殖和新品種培育立下了不朽的功勳。花臉之父——黃技師就是用大勝利為父本與薑油匠雜交育成的。現在人們喜愛的君子蘭佳品幾乎都有黃技師的基因，當然也都有大勝利的基因。但令人遺憾的是，近年來人們在讚賞多樣的君子蘭新品種時，往往認為早期品種都是劣等的，所以就把大勝利作為一切低檔君子蘭的代稱。

實際上大勝利與那些葉片又窄又薄的普通君子蘭大不相同，它的葉片一般寬8～9公分，葉後有一條加強筋，頭

部橢圓，呈棒槌形，脈紋前後凸起到底、紋絡規整，呈翠綠色，且富有彈性，光澤如脂。其花鮮豔火紅，朵朵向上，開放整齊，有時多達48朵，花冠內外金星閃耀，花箭粗壯、寬大，實為君子蘭佳品之一。從發展看，大勝利完全可以進入賓館、廳堂等高雅處所。

「短葉之母」與「和尚」有何關聯？

在異彩紛呈的君子蘭名品中，和尚為君子蘭愛好者所熟悉。人們不禁要問，這來自非洲南部的花卉和亞洲佛教又有何關聯呢？這還必須從20世紀30、40年代說起。

那時，大花君子蘭由日本引進東北，作為名貴品種納入宮廷官邸寺院，只供少數上層人士欣賞。直到1945年日本投降之後，優良大花君子蘭品種才得以傳到民間。

長春君子蘭愛好者對著名君子蘭品種多習慣以培養者的人名、職業名稱或工作單位等作稱呼，天長日久，一個個君子蘭新品種的名稱就這樣出現了。

那麼，和尚君子蘭真是和尚培養的？過去不少人都這樣認為，但最近據長春市君子蘭名家貢占元考證，和尚的培育者並非和尚，而是一位名叫吳鶴年的木工師傅。那棵真正的和尚鼻祖是吳師傅1958年培育開花的，後來他將其轉讓給郵電學校教師王寶林，王寶林又把它賣給了長春市般若寺和尚普明，但在出售前王寶林曾留下了一個芽子。1963年，普明又將這株君子蘭轉讓給八一小學，第2年八一小學又將其交給長春市勝利公園蒔養。以後，勝利公園用其做母本育出很多小苗，傳到社會上以後，人們就把這

一君子蘭名品稱作和尚。

　　和尚的突出特點是葉脈整齊、橫豎紋都明顯，葉片寬厚挺拔、斜立、葉色深綠、有光澤，葉寬10～13公分；花箭呈半圓形，花橘紅色，蒔養得法，一次可開20多朵花，雜交後結實多，每年拔兩箭可得籽400多粒。

　　和尚的遺傳性良好，用其做父本，下一代頭形圓，如與小勝利雜交，可得部分短葉品種；如用和尚做母本，與黃技師雜交，子代易出現花臉，可得珍品花臉和尚。多年來，和尚為長春君子蘭新品種的培育立下了汗馬功勞，被長春的君子蘭愛好者稱為短葉之母。目前流傳的一些君子蘭珍品如短葉和尚、光亮和尚、抱頭和尚、花臉和尚等，無一不保留著和尚的遺傳因子。

有關君子蘭的傳說

　　「君子蘭」在所有花卉中，曾經一度風靡全國，時至今日仍是花卉愛好者喜愛的一種花。雖然許多人培養君子蘭，辛勤數年也不見開花，但仍將它視為珍寶，「愛不釋手」。君子蘭對群眾有這麼大的吸引力，這裡面有什麼特殊緣由呢？

　　君子蘭原產在南非洲，美國人於19世紀初帶回美國，後流傳至歐洲。明治年間日本人從歐洲引入日本，日本的植物學家大久保給它命名為「君子蘭」。

　　19世紀30年代日本園藝家村甲，將兩盆君子蘭送給中國的末代皇帝溥儀。溥儀的妃子譚玉齡死後，在她靈前擺放了一盆君子蘭，但忘了收回，就此君子蘭才流落民間，

由普明和尚在廟裡精心養護、培育而流傳下來。

為紀念普明和尚養殖君子蘭的功勞，群眾給君子蘭中的佳品取名「和尚」。1945年8月，抗日戰爭勝利後。宮裡的御膳師將宮中的君子蘭贈送給了東風染廠的陳經理。經他精心栽培，育出了優秀的品種，命名為「染廠」。皇宮的花匠也帶出一盆被勝利公園收留，命名為「大勝利」。一位奶媽也帶出一盆送給醫生吳大夫，因而又有「吳大夫」品名的出現。

新中國成立後直至20世紀60年代初期，長春出現了一批培養君子蘭的能手，因此，以培養者名稱或職業命名的「油匠」「技師」等雜交品種相繼出現。1969年長春市八大君子蘭特務案，遠近聞名。因為紅衛兵誤以為這些花友時而將君子蘭放在這家窗臺上，時而又搬至另一家窗臺上的做法，是特務們互打暗號。所謂「和尚」「染廠」就是每個特務的暗號無疑。

文化大革命之後，長春市養殖君子蘭出現了高潮，甚至波及全國各地。這固然是君子蘭本身有許多優點惹人喜愛，但對任何名花異卉的偏愛也無法與君子蘭相比，這大概還是群眾對於培養君子蘭受辱後的一種逆反心理所致吧。何況這些曾經只為皇帝所享有的花卉，能夠流入民間為一般百姓所享有，難道不值得慶幸？不值得保留下來作為歷史見證嗎？

十二、怎樣鑑賞與評定君子蘭

如何從葉、花、果上來評定君子蘭的品質？

君子蘭是一種少見的花、葉、果並美的觀賞花卉。廣大君子蘭愛好者認為，優良的君子蘭必須以葉為主，輔助以花、果兩項來評定，才能體現君子蘭的風采。

「觀葉勝觀花」，君子蘭葉片剛勁挺拔，蒼翠清秀，一年四季油潤碧綠，是人們評定優良品種的主要特徵，歸納為15條，其中葉片的特徵為10條，花朵的特徵為5條，另外還有輔助標準2條。

葉片的10條特徵是：亮度、長寬比、頭形、脈紋、株形、顏色、厚度、座形、硬、挺，花朵的5條特徵是：寬、大、紅、豔、齊，另外還有輔助標準2條。

1. 亮　度

亮度是指葉片的光澤度，鑒賞時要特別注意區分是擦亮的還是葉片原本的狀態。

亮度的優劣依次為：蠟亮、油亮、微亮。蠟亮最佳，油亮稍差，微亮次之。

2. 長寬比

長寬比是葉片長度和寬度的比例，比例諧調才叫美，

單獨講葉片的長短、寬窄不妥。片面地追求寬短，比例失調亦不科學，從造型角度講亦不美。長寬比諧調的比例為3：1，正負遠離此值為差。

葉片的長度是指葉片頂端到葉鞘邊緣與葉基連接點的距離，寬度是指被測葉片最寬處的數值。鑒賞時，應取6片最佳葉片的長寬比的平均值。

3. 頭　形

頭形是指葉片頂部的形狀。葉片頂端曲率半徑變化越小越好，等半徑最佳，鈍尖比銳尖好，鑒賞頭形優劣時應以葉半數以上的形狀綜合考慮。

頭形的種類大體上分為5類（圖83）。第1類為卵圓形圓頭，多見於第1代和尚和部分短葉。第2類為重疊形圓頭，此為短葉的基本頭形，有些和尚也有這樣的頭形。第3類為平尖形圓頭，此為染廠的標準頭形。第4類為急尖形圓頭，和尚技師串和圓頭技師串多見這種頭形。第5類為漸尖形圓頭，技師串短葉多見這種頭形。

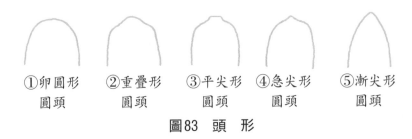

①卵圓形　②重疊形　③平尖形　④急尖形　⑤漸尖形
　圓頭　　　圓頭　　　圓頭　　　圓頭　　　圓頭

圖83　頭　形

4. 脈　紋

君子蘭優良品種的脈紋特徵是高、寬、清、正、通。

高：指脈紋凸起的高。

寬：指兩條主脈之間的脈襠（距離）寬。所以強調脈紋寬，是因為脈襠的寬度和葉片的寬度成正比，所以說襠寬，即意味著葉寬。

清：指葉片的脈紋清楚明顯。

正：指葉片的紋理整齊，豎脈紋通頂間距大，橫脈紋正，呈「田」字格形為好。各葉片脈紋差距越小越好，應取多個葉片綜合評價。

通：指葉片的主脈從葉尖到葉脖都凸起。

5. 株　形

株形是對君子蘭總體形態而言，是由葉片構成。好的株形是「正看如扇面，側看一條線」。

「正看如扇面」是指各葉片頂點連線基本是圓滑曲線；各葉片長短差距不大，葉片向斜上方平伸；底葉與水平線夾角應大於零度；葉片間距基本均等。

「側看一條線」是指葉片不左右歪斜，多與蒔養管理有關，與品種關係不大。

株形的優劣取決於葉片是否平伸舒展及葉基的長度和傾斜角度。最差的株形是葉片下垂呈弓形，葉基過短且傾斜角度過大造成葉片向兩邊倒伏疊壓，根本構不成正扇面。

6. 顏　色

顏色以淺為佳，葉面上兩種顏色的反差（對比度）越

大越好。其中包括淺綠色、翠綠色及青筋黃地和青筋綠地
的花臉。

7. 厚　度

厚度是指葉片的厚度。葉片中部與邊緣的厚度差別越
小越好。葉片頭部的厚度決定葉片厚度的優劣程度，所以
應取距葉片頂端5公分處邊緣及中部兩處厚度的平均值。

厚度的優劣依次為：1.6毫米、1.4毫米、1.2毫米、1
毫米以下。

8. 座　形

座形是指葉片的葉鞘在莖上編成的假鱗莖的形狀，主
要有楔形、元寶形、三角形（圖84）和柱形等。座形的優
劣取決於葉鞘邊緣在縱向上的間距大小和兩相對葉片葉鞘
邊緣夾角的大小。間距越大，夾角越大，座形就越好看。

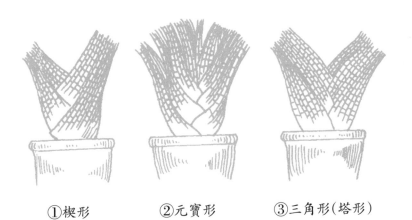

①楔形　　　　②元寶形　　　③三角形（塔形）

圖84　君子蘭的假鱗莖

座形的優劣依次為：低元寶形、低塔形、高元寶形、高塔形、低柱形、高柱形、低楔形、高楔形。

9. 硬

硬：指的是葉片的硬度和彈性。強調葉片的厚與硬，是因為只有具有一定的厚度和彈性，才能保持挺拔不垂的葉片和整齊端正的姿態。

10. 挺

挺：指的是挺拔不垂的葉片形狀。

以上10條是君子蘭優良品種在葉片形態上的特徵，也是衡量君子蘭優劣的主要條件。下面是鑑別君子蘭在花方面優劣的5條要點，即寬、大、紅、豔、齊。

寬：指花的內外被片寬。

大：指小花的形狀大。

紅：指花冠的顏色紅。

豔：指花冠的色澤鮮豔，花瓣要緊湊，花莛要粗壯，高度要適當。

齊：指花序開放的時間集中。因為這樣才能使整個花序開放得精巧秀麗，豐滿壯觀。

另外，有輔助標準2條：

（1）果實有光澤。

（2）無病蟲害和其他因素損傷。

十三、君子蘭花事月曆

1.1月的花事

　　君子蘭為室內觀察花卉，該月正常工作有分苗、上盆，施肥，保持植株生長旺盛，促進花芽伸長。

　　工作重點是使君子蘭在元旦及春節盛開，室內最低溫度應保持在5℃～10℃，最高溫度在20℃～25℃，陽光能夠照射到房間最為理想。如果在5℃以下，開花時間就會明顯滯後，甚至可能凍傷。另外，溫度也不宜過高。

　　如果室內的最低溫度在15℃以下，最高溫度在25℃以上，就會給開花帶來不利的影響。為了不致延遲開花，這個月裡，放置的地點和溫度的控制十分重要。

　　還有，如果將君子蘭放在窗邊，受到陽光的直射，即使不引起焦葉，也會使葉片變黃衰敗。可以用薄透的窗簾遮一下日光。玻璃溫室以及乙烯暖房等情況下，管理時應注意透光20%。

　　【澆水】君子蘭葉基部開始脹大孕育花蕾時，即使肉眼還看不到，也需要考慮到水分的要求。花盆的表土乾了，盡可能在上午10時前後澆水，澆水量以盆底流出少量水為止。君子蘭放置室的溫度、濕度、花盆同蘭株大小的匹配等，應根據具體情況作調整，並且隔3～4天檢查一下，看看是否在要求範圍以內。本月可不施肥。

2.2月的花事

立春過後，正值君子蘭盛花期，主要工作：溫度保持在20℃以內，以延長花期；增施磷、鉀肥，促使花色鮮豔，提高結實率；適當控制澆水次數，防止落花、落果。

工作重點是制定最佳的雜交組合，及時進行人工輔助授粉，選育新品種和提高結實率。

君子蘭放置的場地與1月份基本相同。但是，如果已有花蕾、花莖開始伸長的蘭株，最好放在溫度為10℃～15℃、有陽光照射的溫室內。

開花早的蘭株，在下旬就要綻放，日光不夠的花株，花色不豔麗。放置於玻璃溫室、乙烯暖房內的蘭株，要以20%的遮光為妥。

【澆水】從看到花蕾開始，放於上述地點的蘭花，其生長發育需要較多的水分；為了不使君子蘭過分乾旱，要仔細察看花盆表面，如果乾了，立即澆水。一般間隔2～3日澆一次水。在上午10時前後澆水，以盆底有少量水滲出為准。開花的君子蘭澆水要足，以免引起乾旱。

【施肥】從休眠狀態回復到蘇醒，隨著孕育花蕾、花莖的生長，新的葉片開始生長。因此，從本月開始，就要施肥。施用含有氮、磷、鉀的化學合成肥料或者施用觀葉植物用的化學合成肥料，5號花盆2粒，6號花盆3～4粒。

另外，如果是有花蕾孕育，新葉出現的花株，可以不用固體肥料，每月施用液體肥料2次。例如：用氮：磷：鉀為6.5：6：19的液體肥料，稀釋500倍施用。

如果夜間最低溫度保持在15℃以上時，即使固體肥料

和液體肥料合併使用也無大礙。

3.3月的花事

雨水（2月18日～2月20日）過後，冰雪融化，吸取地面熱量，室外溫度仍很低，春分（3月20日～3月22日）時陽光直射赤道，以後陽光直射的位置逐漸向北轉移，北半球晝長夜短，室內向陽處和君子蘭溫室室溫明顯升高，是君子蘭生長的旺季。

【主要工作】繼續為大苗和成齡君子蘭追施固體肥料；3～5月份平均相對濕度為全年最低，分別為56%、52%、58%，蒸發量大，要勤澆水，並適時向葉面噴水保濕。

工作重點是將當年實生苗及時分苗上盆。但3月份正常生育的苗較為集中，春節前播種的第二批苗，此時在胚芽鞘中已能見到第1枚葉片為分苗適期，10月份播種的第1批苗，經過分苗，第1枚葉鞘已長成，第2枚葉片露出，應及時上盆，促使幼苗茁壯。

【放置場所】開花的君子蘭，自然也是觀賞期中的蘭株。溫室與觀賞室的環境不同，應注意以下幾點：

在玻璃溫室以及乙烯暖房栽培而開花的君子蘭，不要放置在蔭棚下等諸如此類的地點。在有20%遮光的良好環境下，當花開了二三成時，可移至觀賞室內觀賞。觀賞室中的放置地點，也應盡可能是日照好的窗邊（窗簾選用光線能透過的透孔織物）。如果日光不足，所開的花的顏色常常呈淡紅色。

不論是栽培室還是觀賞室，如果最低溫度在15℃以

上，花就會過早老化、散落；反之，如果溫室能控制在
5～6℃的低溫，花兒就會常開不敗。

另外，在室內溫度較高的環境下，新葉的伸長、生長
也特別旺盛，即使在開花期中，也會怒長不止。因此，應
該十分注意日照。特別是當日光只從一個方向來，蘭花又
老是固定地放在同一位置時，葉因趨光性，就會使花葉亂
長而不好看。一般應間隔兩週轉動花盆方向一次，使蘭株
的朝向相反。在觀賞蘭花的同時，也應注意新葉生長、整
體株姿均衡發育的調整。

如果栽培與觀賞在同室進行時，那麼，陽光透過窗簾
照到的窗邊將是最適合放花的地點。另外，2月授粉的花
株，進入本月將會落英繽紛，依次謝去，隨後花的子房將
逐漸開始膨大。

這時的花株管理同開花株一樣，放置在有日光照射到
的適當地點。但是，如果沒有窗簾，陽光透過玻璃直射花
株，即使是短時間也會引起焦葉，所以，日光最好透過有
色玻璃窗戶或掛有透孔織品的窗簾。

【澆水】隨著氣溫、室溫的上升，開花也逐漸繁盛，開
始出現花株。隨著時間的推移，水分的需求開始增加。看看
盆土表面有無缺水的現象，如果乾了，就要在上午10時左
右澆水，以盆底有水流出為止。一般2～3天澆一次水。

【施肥】對上月沒有施固體肥料的君子蘭施第一次固
體肥料（參照2月份），也可用液體肥料（氮：磷：鉀＝
6.5：6：19）稀釋500倍代替澆水，每月2～3次。不論孕
蕾株、開花株或開花後的所有蘭株均適合。

4. 4月的花事

　　清明（4月4日～4月6日）以後，中國大部分地區氣候轉暖，草木萌芽。對於君子蘭，本月正是花謝之後，開花株同苗株進行移植，大株進行分株的最好時期。繁殖授粉以後，花開始謝了，開始孕育出青色的小果實。

　　君子蘭的新葉生長很快，強有力地向外伸長。但是，如果花盆擺放點日照不好，並且光線來自一個方向，葉就會向一個方向傾斜，花姿不對稱，不美麗。所以，即使花落時，也不可粗心大意。

　　如果君子蘭在越冬時溫度偏低，花期就會延遲到本月，繁殖授粉也可能在本月。另外，未進行授粉的蘭株，如果花謝了，可用手將花莖向橫的方向折斷（圖85）。

圖85　除花葶

　　【放置場所】本月是新葉生長旺盛的月份，在玻璃溫室、乙烯暖房放置的君子蘭，由於陽光較強，遮光面要增加10%，達到30%。置於遮陰棚下光線就會太暗。花盆與

花盆放置的距離以相鄰兩盆的葉互不接觸為度。這樣，日光就可照及君子蘭的各個部分。

如果溫室和乙烯暖房的屋脊是東西向，那麼，就應將蘭葉分別指向南北向放置；反之，如果屋脊是南北向，則應將蘭葉分別指向東西向放置。

同時，每月轉盆1～2次，使蘭葉的指向作180°的改變，以獲得理想的對稱蘭姿。在晴天，由於日曬，溫度容易升高，天窗、橫窗要隨時調節啟閉，使換氣足夠，溫度適宜，以免發生焦葉現象。

一般室內放花的地點同3月花株放置的地點一樣；降霜少的地區，也可置於室外管理，遮光面仍以30%～40%為宜。

【澆水】一般兩天澆一次水，見花盆表土乾了時，在上午10時左右澆足水分。

本月是移植、分株的最佳日期，移植、分株的蘭株，比起沒有移植、分株的蘭株水分乾得慢，如果移植之後澆過多的水，往往造成根腐爛，應注意掌握澆水的量。

【施肥】沒有移植的蘭株，本月施第二次肥。將油餅渣同骨粉等量混合，不經「熟化」，生肥施用。一般5號盆的滿滿一茶匙分兩處放置，6號盆分三處放置，7～8號盆每兩茶匙分三處放置。施用化學合成肥料，可參照2月花事的有關項目進行。另外，如用液體肥料（例如：氮：磷：鉀＝6.5：6：19），稀釋500倍，可以代替澆水，每月施用2～3次。君子蘭株移植、分株之後15～20天再施用肥料。

【播種】本月可以播種繁殖。

【花後處理】不採種子的植株，在花凋謝後，要及時剪除殘花，否則會影響新芽的生長。用手捏住花葶中央向側前方扳，就可以折斷花葶。也可以用剪刀以中部剪斷（圖86）。餘下部分變成茶褐色後可以拔掉。

將花葶的上半段用剪刀剪去

圖86　剪花葶

5.5月的花事

本月裡君子蘭如3～4月一樣，新葉會茁壯成長。最先生出的新葉會長到與舊葉一樣長，葉色更綠更亮。葉子數量增多，從而長成一棵健壯的植株。葉子數量多，花莖數也就會增多。為了來年開出好花，要進行合理的施肥和管理。

【放置場所】進入了無霜期的地方應當把花盆移到戶外遮光率達到30%～45%的陽光下，使之充分接觸到戶外

的空氣。如果日照不足，葉片就會徒長，葉形也會不整。由於在室內管理的花株容易日照不足，應當把它移到屋外遮陽棚下培育。而且，讓植株能吹拂到微風是很重要的，這樣可增強葉的力度，使植株強健。

在溫室和塑料大棚裡培養時，要注意室內溫度的調節。特別要注意側窗及天窗的開合。當最低氣溫穩定在15℃時，應把窗打開，以便通風。

當不能移到室外，只能在室內栽培時，應把盆移到日光較好的窗邊，再掛上網眼窗簾，使陽光透過窗簾後再照到花盆上。且要每週一次將花盆轉動180°。

【澆水】當把花盆移到屋外時，盆土乾得也較快。所以2～3天充分澆1次水，並在太陽落山後進行。

【施肥】施1次固體有機肥，或根外噴施葉面液肥的1000倍稀釋液，10天1次。

【病蟲害】作為預防措施，本月可以噴灑2次1500倍馬拉硫磷乳劑或1000倍托布津液。

【換盆、分株】與上月一樣，本月對於不採種的植株來說，是適宜的換盆、分株繁殖時期。

6. 6月的花事

本月進入春夏之交的梅雨季節，有的植物喜歡高溫潮濕環境，反之，有些植物卻在這個季節不好栽培，情況迥異。不管怎樣，這個時期是病害、蟲害的多發季節，君子蘭本來是很頑強的植物，可是也會有兩三次病蟲害發生，所以早期的預防更為重要。

【放置場所】梅雨季節，放置在室外的花盆要有避雨的設施，不要使之淋雨過久。特別是春天移植的蘭株，長期的雨淋會引起爛根，有必要引起注意。如果盆數不多，降雨的日子裡可以移入室內。避光的情況同五月。

【澆水】6月份雨水比較多，濕度高，蘭葉即使2～3天不澆水也不會枯萎。但是，過於乾燥會給今後的培育帶來不利影響。

反之，過分潮濕會產生根腐爛的病害。如在玻璃溫室、日光浴室、塑料暖房中，蘭株的澆水同5月。

【施肥】本月可進行第三次施肥。油渣3份，骨粉7份，按此比例混合，按照四月份的施肥量施用。君子蘭用化學合成肥料時，按照2月份的標準；本月因雨水過多不能施用液體肥料，除非過了梅雨季節。本月移植、分株、下種均不宜進行。病蟲害可參照病蟲害防治一節。

7. 7月的花事

漫長的梅雨天一過，春天開始長出的新葉，這時已達到其生長的頂點，因而顯得格外挺拔有力。花芽與明年將發生的葉芽的分化已在不知不覺中進行著。

這時，在梅雨期一直因日照不足而稍顯衰弱的葉子，若遇到強烈的陽光照射，就會立即發生焦葉。因此，這時的遮陽就顯得非常重要。

【放置場所】梅雨一結束，盛夏的陽光就會直射下來，這時遮光率需增加10%，達到50%～60%。若用網眼紗簾做遮光材料，則需要2層，保護葉不受強光照射而被燒焦

（圖87）。溫室及塑料棚的窗戶應全部打開保證通風良好，沒有風的日子裡應使用電扇。

【澆水】由於氣溫高，空氣也很乾燥，君子蘭這時已接近休眠狀態，2～3日澆水1次。在早晨或傍晚太陽下山之後澆水，直到盆底流出水為止（圖88）。澆水時，要注意沿盆邊把水注入，不要將水澆到葉上，以免水聚積在葉

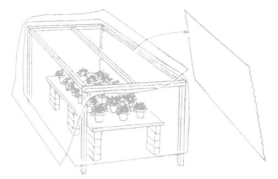

為了不致引起焦葉，要蓋2層網眼紗。

梅雨期結束之後，要除去防雨罩。

圖87　保護設施

圖88　澆水方法

的根基部，君子蘭就會患上最可怕的軟腐病，所以要避免在太陽下澆水。

【施肥】君子蘭如果缺乏肥料，植株就會衰弱。所以，即使是夏天也必須施肥。每月施1次固體有機質肥料。

【病蟲害防治】高溫時易發生病害，因此需要仔細地觀察。作為預防措施，可每月噴灑2次1000倍托布津液或1500倍馬拉硫磷乳劑。

8. 8月的花事

立秋（8月7日～8月9日），人們習慣將立秋作為秋季的開始。根據當地5天的平均氣溫在22℃以下，才能算做秋天的開始，直到處暑（8月22日～8月24日）以後，中國大部分地區炎熱的暑天才逐漸過去，氣溫下降，降水量減少。主要工作是8月上中旬繼續通風降溫、防暑；繼續進行遮光，防止日灼病發生。

【放置場所】按照7月份的標準放置，只要將花向相反方向轉動一次，防止君子蘭葉片生長凌亂。

【澆水】按照7月份標準進行。澆水過量會引起根腐爛，應根據花盆土壤的乾濕情況酌情澆水，防止過濕。

【施肥】原則上不施固體肥料，液體肥料1000倍稀釋液每月施用2次。

【病蟲害】因為君子蘭溫室和居室通風不良，而且這一時期天氣炎熱，高溫、高濕，君子蘭葉鞘處易感染介殼蟲，莖部易發生腐爛，防治可參考防治病蟲害一節。

9. 9月的花事

白露（9月7日～9月9日），從白露起中國大部分地區轉涼，君子蘭開始進入新的生長高峰季節。9月份的主要工作是居室內南向窗上可去掉遮光紗布，從秋分起君子蘭溫室也要除去遮光網，以增加光照時間和日照強度，將置於窗外陽臺或遮陰棚下的君子蘭移入室內。撤去通風紗窗，以便保濕，逐漸增加施肥次數、施肥量，進行種子採收和播種育苗準備事宜。

工作重點是適時採收種子。正常生長的成齡君子蘭，從開花、授粉、授精起滿5個月已有發芽能力，稱「乳熟期」，7個月為「蠟熟期」，9個月為「光熟期」，實踐證明，春節前後開花的果實最適宜採收，不僅子代苗齊苗壯，而且能使成齡君子蘭第2年應季開花。採收時，將花序剪下，置通風處後，熟5～7天，即可播種。

【放置場所】本月易刮大風，要有防風措施，比如放入室內或屋簷下。

【澆水】按8月標準。9月中旬以後，盆土不易乾，應在盆土表面乾後再澆水。

【施肥】秋風送涼，根部的活動生機盎然，吸收能力恢復，可逐漸增加施肥次數、施肥量，此時可施第四次基肥。所施肥料的成分與數量同第三次施肥一樣。液體肥料的施用同8月份。

【移植與分株】原則上不宜進行。但是，如果在春天因故未進行移植的，可以在中下旬移植。移植方法同春天的移植方法一樣。

【病蟲害防治澆水】參看病蟲害防治一節。

10. 10月的花事

寒露（10月8日～10月9日）、霜降（10月23日～10月24日）兩個節氣都在10月份，民諺「寒露不算冷，霜降變了天」，這時氣溫變化很快，遇到寒流侵襲，會突然變冷。

10月份的工作重點是做好君子蘭防寒越冬工作；及時換盆、換土，同時追施適量的固體肥料，進行播種育苗，有育苗設備的可提前進行，居室內可在供熱後進行。

放置場所。10月份日照已開始減弱。原先懸掛的2層遮光網眼紗簾，這時可以除去1層了，保持40%～50%的遮光率即可。

此時，氣溫也下降了，這個時期讓花盆處在低溫環境中相當重要。如果還沒有進入霜降期的話，只要最低氣溫不低於5℃，花盆則可以一直放在屋外。溫室、塑料暖棚的天窗及側窗都可以開著，以降低溫度。花芽在5～10℃的低溫中需60～70天才會順利地開放。

【澆水】雖然氣溫不高，但由於空氣乾燥，需水量還是不小。所以，只要花盆表土一乾，就應給予充足的澆水，直到盆底開始流水為止。澆水時間為上午，2～3日澆1次水。

【施肥】固體肥料為每月施1次。或根外噴施葉面液肥的1000倍稀釋液，10天1次。

【病蟲害】作為預防措施，可每月噴灑1次1000倍托

布津液或代森銨液。

11. 11月的花事

本月裡，早、晚已有寒意，北方地區已開始降霜。君子蘭的花芽如果不經過低溫（5℃～10℃下60～70天）的培育，不會開始伸長。

但是，如果溫度過低，甚至遇上霜凍，蘭葉就會出現意外的霜枯現象，葉尖出現霜枯。將君子蘭移入室內，應注意計時，移入室內的時間，北方地區以中下旬為宜，應根據不同地區有所區別。

本月的君子蘭，雖然在外觀上同上月差不多，變化不大，但除了春天出的嫩葉接近成葉片外，幾乎沒有新葉生出，一株成株的君子蘭接近完成。隨後，由於溫度逐漸降低，花芽處於休眠狀態。

本月雖可以繼續採摘種子，但如果在春天播種，花莖會繼續生長，以此狀態越冬；經過3個月後將種子取出，即可下種。

【放置場所】君子蘭放入室內，室內溫度應不超過暖房的溫度，更不要放在太陽直曬的地方。霜降以前屋外最低溫度為5℃～10℃時，可以同上月一樣。在室內外溫度相同的情況下，可以打開天窗和橫窗，使室內有同樣的低溫。遮光同上月。但是，從本月起為了迎接開花期的到來，放置場所應逐漸增加光照。

【澆水】由於氣溫低，君子蘭生長遲緩，土壤也較濕潤。但是，此時如嚴重缺水會累及花芽，所以應隨時觀察

盆土，土表若乾了，就應及時澆水，一般3日澆一次水。

【施肥】不用基肥，可用液體肥料，同10月施肥，每月施肥2次。

【播種】從本月開始，將進入嚴冬，原則上不宜播種，以春天下種為好。但是如能保持15℃的溫度，也可以進行播種。

12. 12月的花事

12月份晝短，光照強度弱，增加光照時間，促進光合作用是日常管理的重點。

君子蘭春天發出的新葉已經停止生長。由於低溫而處於休眠狀態的花芽和葉芽開始分化。12月，為了迎接新年，人們把結著累累果實的君子蘭擺放到門廳裝飾起來，一邊欣賞一邊回想起這一年來自己培育君子蘭的過程，體味養花的樂趣。

【放置場所】與前月一樣，把君子蘭放到低溫環境中，對於花芽的生長發育非常重要。放置在戶外的花盆，若遇降霜，要暫時搬進室內。而當氣溫降至5℃以下時，要移到室內管理。

室內栽培的最低溫度在5℃以上，最高氣溫在20℃～25℃，如果有暖氣，注意打開窗戶通風換氣。要把花盆移到窗邊，以便能透過網眼紗窗簾得到充分的陽光。在溫室、塑料暖棚裡面也要盡可能使君子蘭處於低溫之中，讓花盆處於遮光率達到30%～45%的日照下。

【澆水】這個月是一年當中最不易缺水的月份，但是

如果一點水都不澆，會影響花芽的生長。所以，只要見盆土的表面乾了，就要適時澆水。有時移入室內放置，常常會不知不覺地忘記澆水。

君子蘭根系粗壯，即使十天半月不澆水，也不會出現枯萎等症狀。但是，一旦出現這樣的症狀，多半是缺水所致。到了這種情況，花蕾不會再向上生長，停留在花芽的模樣而開始腐爛，第二年葉的伸長極為緩慢。

【施肥】在施用固體肥料的情況下，油渣同骨粉按照3月的2／3施用；在施用化學合成肥料的情況下，按照2月的2／3分別施用。這是當年最後一次使用固體肥料，此時不宜使用液體肥料。

十四、君子蘭溫室

君子蘭溫室是為大批量生產蘭株而建造的場地。主要是採取太陽輻射積蓄的熱能而採取的措施。溫室栽培的君子蘭優於家庭室內窗臺栽培的君子蘭，其葉色嫩綠、寬厚、脈紋隆起、質地上乘、花大色豔。

建造的溫室常有以下幾種設計和規劃：

1. 場址選擇和規劃

（1）場址選擇

君子蘭溫室坐北朝南，東西延長。因此，在建造日光溫室時，必須按照溫室群的要求進行調整，南北寬度按溫室要求確定。

選好的場址應具備以下條件：陽光充足、避免遮陽；避開風口，充分利用地形小氣候條件；地下水位低；避開塵土污染嚴重地帶；靠近交通要道和村莊；充分利用已有的水源和電源。

（2）合理規劃

在進行君子蘭溫室群的規劃時，首先要確定大小適度的建設規模，根據地理條件建立幾十畝或幾百畝的溫室群。要統一確定溫室最佳方位角，根據溫室的高度和跨度確定每排溫室占地的寬度（含前後排溫室間距）、交通幹道、灌溉系統和輸電線路，然後繪製田間規劃平面圖。

　　君子蘭方位角可以南偏東或南偏西5°～7.5°。繪製田間規劃平面圖時，首先要確定方位角和君子蘭溫室前後排的間距。兩排間距小，會造成前排君子蘭溫室對後排的遮陰，間距大了浪費土地，必須在後排君子蘭溫室採光不受影響的前提下，儘量縮小間距。

　　計算前後排溫室間距，應考慮君子蘭溫室的高度（加上捲起草簾的高度，按0.5公尺計算），按當地地理緯度和冬日正午的太陽高度角計算。

2. 設計和建造

（1）採光設計

　　太陽輻射是溫室的熱量來源，又是君子蘭光合作用的能量來源。溫室發揮的重要作用是在一年中日照時間最短、日照強度最弱的冬季、早春及深秋季節。做好溫室的採光設計，最大限度地把太陽輻射引進溫室來，這是保證君子蘭栽培的關鍵。太陽熱能是以短波輻射的形式傳遞的。到達地球表面時，太陽輻射波長可為紫外線、可見光和紅外線。波長較長的紅外線主要轉化為熱能，是溫室熱能的來源。紅、橙光主要用於君子蘭光合作用，綠光有低光合作用和弱的形態建成作用，而藍、紫光則有較強的光合作用和形態建成作用。波長較短的紫外線對形態建成有較好的作用，可以抑制君子蘭植株的徒長。紫外線還有殺滅和抑制病原菌的作用。

　　提高透光率的措施是：確定溫室最佳方位角，冬季，太陽高度角低，日出在東南，日落在西南，為了爭取太陽

輻射多透入室內,建造溫室應採取東西延長,前屋面朝南。當中午太陽光與溫室東西延長線垂直時,透入室內的太陽光最多,強度最大,溫度上升也最快,對君子蘭的光合作用最有利。

（2）保溫設計

溫室在冬季、早春寒冷季節達到君子蘭植株所需的溫度,才能保證蘭株的正常生長、開花、結果。採光設計是按照最大限度地獲取太陽輻射能力的原則,但射入的陽光能否保證君子蘭正常生長的關鍵在於保溫。因此,要瞭解日光溫度的熱量平衡。溫室受熱和放熱之間的關係是遵守能量守恆定律的,得到的熱量與放出的熱量相平衡,關鍵是放熱的速度決定著溫度下降的快慢。

溫室白天揭開玻璃或薄膜上的覆蓋物後,太陽輻射透入室內,室溫逐漸升溫,中午溫度最高,下午逐漸下降。到了夜間（或蓋上覆蓋物後）太陽輻射變為零,全靠白天貯存的熱量。因此,盡可能採取減緩放熱速度的保溫設計,採用異質複合結構,前屋面覆蓋保溫,減少地中橫向傳導散熱,減少縫隙放熱等降低放熱速度。

（3）環境特點和調控

君子蘭溫室是在人工條件下,為創造適於君子蘭生長發育的環境條件而採取的一種保護措施。除寒冷低溫季節加溫外,基本上是靠太陽輻射提高溫度和滿足君子蘭對光的需要。

①光照調節。選擇適宜的建造場地,在光照百分率高的地區建造。延長君子蘭溫室見光時間,儘早揭開草簾,

儘量增加見光時間，陰天只要不是溫度很低也要揭開，爭取見到散射光。科學的採光設計，關鍵是前屋採光角的設計，以入射角60°為參數進行採光設計，並使用君子蘭溫室合理的採光角度，可用該地的地理緯度減去6.5° 計算。

②溫度調節。包括保溫、增溫、補溫和降溫。調節溫度的手段是白天通過放風來控制氣溫，夜間屋面覆蓋草簾保溫。揭、蓋草簾的時間，應根據當天的天氣情況、光照強弱、溫度高低和君子蘭對溫度的要求而定。寒冬季節用暖氣加溫，夏季用遮光網防曬降溫。

③濕度調節。高溫、高濕或低溫、高濕都是引起君子蘭病害發生和蔓延的重要原因，濕度對君子蘭的生長發育更為重要。根據君子蘭的要求調節濕度，空氣相對濕度應不低於60%。可通風換氣除濕，提高溫度降濕。採用吸濕性物質，強制吸濕。

3. 溫室種類

（1）後高牆短後坡式君子蘭溫室（圖89）

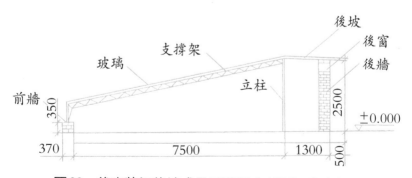

圖89　後高牆短後坡式君子蘭溫室(單位:毫米)

這種溫室採光屋面大，空間大，土地利用率高、增溫效果好，不但有利於君子蘭的光合作用，也方便了室內作業。後牆用磚砌，後牆高2.5～2.7公尺，後坡用預製板或搗製都可以，其上加防寒層。搗製後坡可不設支撐柱；後坡用預製板，必須設支撐柱，後坡支撐柱用「5：2～5：3」鋼管製作，地下埋深0.5公尺×0.1公尺，用沙石、水泥灌制水泥墩，防下沉，支撐柱每間隔2公尺放一根，支撐柱上端焊上50毫米×50毫米角鋼，一面搭接預製板，一面搭焊支撐架，使兩邊連成一體。

支撐架是單件預製而成，它所用的材料，下端鋼筋選用14～16毫米（根據跨度大小而定），三角拉筋用10～12毫米（根據跨度大小而定），上端採用「T」形鋼窗料25毫米×25毫米×2.5毫米，T形立面向上與三角拉筋下端鋼筋焊接成預製件。待前後牆及支撐柱定位後，先上後坡預製板，再上支撐架，間距按玻璃規格，一般採用750毫米寬度，一塊標準5毫米玻璃板2公尺×1.5公尺正好可割成4塊1公尺×0.75公尺，在焊接支撐架時，用小木方製成755毫米的量尺3～4個，按第一個基準確定後，用量尺逐一測量焊接，以確保安裝玻璃的質量。

（2）高後牆無後坡鋼架式君子蘭溫室（圖90）

後牆3～3.5公尺，光照充足，升溫快，溫度高，後牆可擺放2～3層盆架，使溫室的有效利用面積增大，並節省製作後坡的建築材料。但由於這種溫室無後坡，所以在嚴寒的地區給冬季揭放草簾帶來不便。因此，需在後牆外側建造一「┐」形帶護欄的通道，以便操作草簾的揭放。因

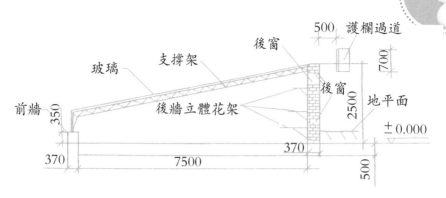

圖90 高後牆無後坡鋼架式君子蘭溫室(單位:毫米)

為鋼架中間無立柱,所以鋼架的整個承重,都集中在後牆上。因此,要求後牆地基堅固。

這種溫室雖然採光好、升溫快,但散熱面積大,相對降溫也快,這樣就比帶後坡的防寒性能差。因而在嚴寒冬季,要加強防寒措施。這種結構的溫室,如寬度超過7公尺,可在中間加一排立柱,以增加強度。工作間和生活間建在溫室的兩側。

(3)後高牆工作間連體式君子蘭溫室(圖91)

這種溫室與高後牆無後坡鋼架式結構基本相同,區別是:它的跨度比前一種跨度小,跨度一般在6公尺左右,工作間和生活間跨度在3公尺左右。

工作間、生活間建在溫室的後面,溫室的高後牆即是工作間、生活間的前牆,工作間、生活間與溫室用門窗連通,溫室是工作間、生活間的2倍。這種溫室適合冬令集中供熱取暖安全性能好,是一種檔次較高的溫室結構,給人們使用和管理帶來諸多方便,但生活間潮濕度較大,使

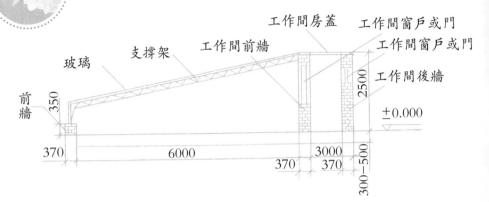

圖91　後高牆工作間連體式君子蘭溫室（單位：毫米）

用時要採取一定的防潮措施。

（4）輔助設備

　　大面積君子蘭溫室為了保證用水，應在溫室門的一側，用黏土磚砌築。建成1公尺寬、4～5公尺長、1公尺深的半地下式蓄水池，用防水泥沙漿抹嚴。

　　在沒有水源的地方，要在溫室內打井，一般每200～250公尺打一口小井。打完小井後安裝潛水泵一台，並安裝固定式鋼管，也可用膠管、塑料管等代替。

　　寒冷地區君子蘭溫室必須安裝採暖設備，以利君子蘭越冬。通常每個溫室安裝土暖氣鍋爐一台，根據君子蘭面積，安暖氣片數組。條件不具備的可修建磚火牆解決取暖問題。條件好的地方，可以建成片的君子蘭溫室，採用集中供熱。近年來，有採用燃油式暖風機取暖的，可根據實際情況選擇採暖設備。

　　冬季要在屋面放置草簾用於保濕。君子蘭溫室內盆間應避免高度密集，更不應立體擺放。要充分利用有效面

積，合理佈局，設計合理的擺花台架，按育苗與當年生幼苗40%、二年生植株25%、三年生植株20%、種用君子蘭15%的比例。花架高度和寬度要適宜，花架中間留60公分的作業道，以利於擺放盆、取盆、澆水，靠牆的花架加寬到用手夠到即可。土幹道1～1.5公尺，以便二人互相通過，小通道以一人通行而又不碰損盆花、葉、果為宜。因此，可在60～65公分，不影響光照的條件下，在北牆加設花架，但不宜過寬、過高。

夏季屋面要用遮光網或草簾，進行遮光、防暑降溫，安全度夏。遮光網以密度75%～85%較合適，如栽植過稀，君子蘭易被灼傷，栽植過密，則受光太少影響植株生長。

（5）常用工具

①大、中、小號噴霧器，用於病蟲害防治噴霧藥物或夏日噴霧降溫。

②大、中、小號噴壺。100平方公尺以上的君子蘭溫室，要備用塑料管或膠管，連接噴頭澆水。噴頭可自製，噴頭後安一長把，以澆水方便為宜。也可購買多用途噴頭，這種噴頭最為理想。

③放大鏡、剪刀、鑷子等。

④乾濕溫度計。

附錄一　世界部分國家國花（國樹）名錄

國　名	國花(國樹)名	國　名	國花(國樹)名
台　灣	梅花	土耳其	鬱金香
中　國	牡丹　銀杏（國樹）	挪　威	歐石楠、雲杉（國樹）
北　韓	杜鵑	瑞　典	歐洲白蠟
南　韓	木槿	芬　蘭	鈴蘭、繡球菊
日　本	櫻花、菊花	丹　麥	木春菊、山毛櫸（國樹）
老　撾	雞蛋花	波　蘭	三色堇
緬　甸	龍船花、素馨、柚木（國樹）	捷　克	玫瑰、石竹
泰　國	睡蓮、桂樹（國樹）	德　國	矢車菊
馬來西亞	扶桑	南斯拉夫	鈴蘭
印　尼	毛茉莉	匈牙利	天竺葵
新加坡	萬代蘭	羅馬尼亞	白玫瑰
菲律賓	毛茉莉、納拉樹（國樹）	保加利亞	玫瑰
印　度	荷花、菩提樹（國樹）	英　國	玫瑰、橡樹（國樹）
尼泊爾	杜鵑花	愛爾蘭	白酢漿草
不　丹	藍花綠絨蒿	法　國	鳶尾
孟加拉國	睡蓮	荷　蘭	鬱金香
斯里蘭卡	睡蓮、鐵樹（國樹）	比利時	虞美人、杜鵑花
阿富汗	鬱金香	盧森堡	月季、櫟樹（國樹）
巴基斯坦	素馨、椰子樹（國樹）	摩納哥	石竹
伊　朗	月季	西班牙	香石竹
伊拉克	紅月季、椰棗（國樹）	葡萄牙	雁來紅、薰衣草
阿聯酋	孔雀草、百日草	瑞　士	火絨草
也　門	咖啡	奧地利	火絨草
敘利亞	月季	義大利	雛菊、月季
黎巴嫩	雪松（國樹）	聖馬力諾	仙客來
以色列	油橄欖、銀蓮花	馬耳他	矢車菊

（續表）

國　名	國花(國樹)名	國　名	國花(國樹)名
希　臘	油橄欖	墨西哥	大麗花、仙人掌
埃　及	睡蓮、荷花	瓜地馬拉	白蘭花
利比亞	石榴花	薩爾瓦多	絲蘭
突尼斯	荷花、油橄欖	洪都拉斯	香石竹
阿爾及利亞	夾竹桃、鳶尾	尼加拉瓜	百合花
摩洛哥	月季、香石竹	哥斯大黎加	卡特蘭
塞內加爾	猴麵包樹(國樹)	古　巴	百合花、薑花
利比里亞	胡椒、油椰(國樹)	牙買加	生命之木花
加　納	海棗	海　地	刺葵
蘇　丹	扶桑	多米尼亞	桃花心木(國樹)
坦桑尼亞	丁香、月季	哥倫比亞	熱帶蘭
加　蓬	火焰樹(苞萼木)	厄瓜多爾	白蘭花
贊比亞	葉子花	秘　魯	石竹、向日葵
馬達加斯加	旅人蕉(國樹)	玻利維亞	向日葵
塞舌爾	鳳尾蘭	巴拉圭	茉莉、西番蓮
澳　洲	金合歡、桉樹(國樹)	巴　西	熱帶蘭、咖啡(國樹)
紐西蘭	銀蕨、四翅槐(國樹)	智　利	紅鈴蘭、百合花
斐　濟	扶桑	阿根廷	賽波花(木棉)
加拿大	糖楓(糖槭)	烏拉圭	茉莉花、山楂
美　國	玫瑰、山楂花		

附錄二 台灣縣市花名錄

市　名	市花(市樹)名	市　名	市花(市樹)名
台北市	杜鵑花	嘉義縣	玉蘭花
新北市	杜鵑花	嘉義市	豔紫荊
基隆市	紫葳花	台南市	鳳凰花(台南縣合併前為桂花)
桃園縣	桃花	高雄市	木棉花(高雄縣合併前為朱槿花)
新竹縣	茶花	屏東縣	九重葛
新竹市	杜鵑花	台東縣	蝴蝶蘭
苗栗縣	桂花	花蓮縣	蓮花
台中市	山櫻花(中縣市合併前,台中縣縣花為木棉花,台中市為長壽花)	宜蘭縣	國蘭
彰化縣	菊花	澎湖縣	天人菊
南投縣	梅花	金門縣	四季蘭
雲林縣	蝴蝶蘭	連江縣	紅花石蒜(螃蟹花)

附錄三 中國部分城市花（市樹）名錄

市　名	市花(市樹)名	市　名	市花(市樹)名
北京	月季、菊花、槐樹(市樹)	滄州	月季
上海	白玉蘭	太原	菊花
天津	月季	呼和浩特	丁香、小麗花
石家莊	月季	包頭	小麗花
邯鄲	月季	瀋陽	玫瑰
邢台	月季	大連	月季
保定	蘭花	丹東	杜鵑
張家口	大麗花	阜新	黃刺玫
承德	玫瑰	長春	君子蘭

（續表）

市　名	市花(市樹)名	市　名	市花(市樹)名
延邊	杜鵑（映山紅）	漳州	水仙
哈爾濱	丁香	惠安	葉子花
伊春	興安杜鵑	南昌	金邊瑞香、月季
南京	梅花、雪松(市樹)	景德鎮	茶花
鎮江	臘梅、紅葉李(市樹)	吉安	杜鵑
常州	月季	九江	雲錦杜鵑
無錫	梅花、杜鵑、香樟(市樹)	鷹潭	月季
蘇州	桂花、香樟(市樹)	新余	桂花、月季、玉蘭
南通	菊花、廣玉蘭(市樹)	濟南	荷花
揚州	八仙花、柳樹(市樹)	威海	月季
淮安	月季、雪松(市樹)	菏澤	牡丹
杭州	桂花	青島	耐冬、月季
寧波	茶花	鄭州	月季
金華	茶花	開封	菊花
溫州	茶花	洛陽	牡丹
紹興	蘭花	三門峽	月季
合肥	桂花、石榴	駐馬店	月季、石榴
蚌埠	月季	商丘	月季
淮南	月季	信陽	桂花、月季
安慶	月季	平頂山	月季
馬鞍山	桂花	漯河	月季
阜陽	月季	許昌	荷花
溫州	茉莉	新鄉	石榴
廈門	葉子花	安陽	紫薇
三明	杜鵑	焦作	月季
泉州	刺桐	鶴壁	迎春花

（續表）

市 名	市花(市樹)名	市 名	市花(市樹)名
南陽	桂花	南澳	石榴
武漢	梅花、水杉(市樹)	南寧	朱槿、扁桃樹(市樹)
襄樊	紫薇、女貞(市樹)	桂林	桂花
沙市	月季	成都	木芙蓉
宜昌	月季	西昌	月季
黃石	石榴	重慶	山茶花、黃桷樹(市樹)
十堰	月季、石榴	自貢	紫薇
老河口	桂花	攀枝花	木棉
丹江口	梅花	德陽	月季
荊門	石榴	樂山	海棠
長沙	杜鵑	瀘州	桂花
湘潭	菊花	內江	梔子花
株洲	紅繼花	萬縣	山茶花
岳陽	梔子花	廣元	桂花
衡陽	山花、月季	貴陽	紫薇、蘭花
邵陽	月季	西寧	丁香
常德	梔子花	格爾木	紅柳
廣州	木棉	昆明	山茶花
江門	葉子花	東川	白蘭花(緬桂)
佛山	月季	玉溪	朱槿
肇慶	荷花、雞蛋花	大理	杜鵑
韶關	杜鵑	拉薩	玫瑰
汕頭	鳳凰木(金鳳)	西安	石榴
惠州	葉子花	咸陽	紫薇、月季
深圳	杜鵑	漢中	梔子花
湛江	紫荊花	蘭州	玫瑰、國槐(市樹)
珠海	葉子花	銀川	玫瑰
中山	菊花	烏魯木齊	玫瑰

附錄四　常用的「花語」

花　名	花　　語	花　名	花　　語
玫瑰	愛情、美麗	月季	和平友好、真誠友誼
芍藥	依依惜別	銀杏	稀而貴
石斛蘭	父愛	櫻桃	碩果累累
石榴	愛情(子孫繁昌)	紫菀	白色信任、藍色信賴
松	堅韌不拔、矢志不移	文竹	永遠
睡蓮	清高	香豌豆	溫柔的喜悅
石菖蒲	堅貞	向日葵	真誠的愛、追求
石竹	孤芳自賞	小蒼蘭	清靜、溫順
樹蘭	充滿青春活力	仙客來	羞怯、缺乏自信
桑	母愛	仙人掌	頑強
天竺葵	憂愁悲哀	香椽	緣分
天門冬	粗中有細	楊	水性楊花
唐菖蒲	步步高升	銀蓮花	欣喜
曇花	曇花一現	一品紅	普天同慶
桃花	紅壽星桃	楊梅	英武
勿忘草	請不要忘記我	紫雲英	有你才有幸福
壽星草	延年益壽	紫丁香	初戀的愛、友情溫和
洋槐	友情、友愛	紫羅蘭	永恒的美
燕子蘭	吉祥	紫藤	奉承、歡迎、迎接
燕子花	好運將至	竹	氣節、虛心剛直不阿
夜來香	沉默的愛	紫薇	高貴
雁來紅	矯飾、虛榮	藏紅花	柔中有剛
鬱金香	紅色：戀愛；紫色：永不變的愛情；黃色：失望	榛	同甘共苦
楊柳枝	依依不捨	棕櫚	強大生命力
櫻桃花	我永遠愛你	君子蘭	端莊

（續表）

花 名	花 語	花 名	花 語
夾竹桃	不倫不類	隸棠花	高貴
毛茛	稚氣	蘋果	誘惑、選擇
蘭花	美好、高潔、賢德	蒲公英	樸實無華
剪春羅	留情	牽牛花	喜歡、戀愛、上進
剪秋羅	熱情奔放	秋牡丹	白色誠心
吉祥草	鴻運祥瑞	紅色	我愛你
雞冠花	紈絝子弟	紫色	信任你
玉簪	高潔	秋海棠	熱情、親切
桔梗	永遠不變的愛	忍冬花	墜入情網
康乃馨	紅色：熾熱的愛情 粉紅色：愛你 黃色：瞧不起你	瑞香	殊友、佳客
孔雀草	活潑可愛、嬌小玲瓏	三葉草	白色：為了我的愛 紅色：勤勉
凌霄花	趨炎附勢、凌雲志	山茶花	短暫的喜悅
蓮子	我愛你	蜀葵	追求
連翹	財運高照	水仙	尊敬、自尊婦女德行
臘梅	堅貞不屈、頑強	茶花	戰鬥英雄
菱	鋒芒畢露	常春藤	永久的回憶
李	通情達理	長春花	祝賀長壽
梅花	堅貞、正氣、高潔	賴桐花	一片丹心
木蘭	秀麗	翠菊	標新立異
牡丹	富貴、天才、繁榮	草莓	三角戀愛、第三者
蔦蘿	親切相依	垂盆草	白費口舌
梨花	愛	茶梅	耐久
龍膽草	純愛	酢漿草	三心二意、猶豫不決
檸檬	純摯的愛	垂笑君子蘭	懷念

（續表）

花　名	花　語	花　名	花　語
丁香	謙虛、謙遜	白茶花	你漂亮了
杜鵑花	懷鄉	白玫瑰	不貪雅意
大麗花	大吉大利	白蘭花	潔白無瑕
金盞花	別離的悲哀	百合	百事合心、純潔
金銀花	不畏風雪	並蒂蓮	夫妻恩愛
金魚草	鴻運當頭	半枝蓮	熱情
金蓮花	高潔	檳榔	白頭偕老
黃玫瑰	嫉妒	八仙花	八仙過海、各顯神通
含羞草	不爭氣、知恥	碧蟬花	金蟬脫殼
火鶴	活潑可愛	波斯菊	少女的真心
紅薔薇	求愛	菖蒲	約會、為了你的愛
紅玫瑰	我愛你	冬青	永久
紅菊花	我愛	冬蟲夏草	損人利己、忘恩負義
海棠	富貴榮華	風信子	通風報信、勝利
荷花	廉潔、一塵不染	風仙花	不要碰我
虎狼草	虎狼之心	芙蓉	豔麗的美
蝴蝶花	賣弄風騷	風鈴草	春風得意
葫蘆	悶聲不響	非洲菊	追求豐富多彩的人生
合歡	夫妻好合	楓	丹心
金雀兒	謙遜	佛手	佛法無邊
木槿	邀請	橄欖枝	和平
滿天星	清純、思念	桂花	官運享通、家庭團圓
茉莉花	清純、樸素、自信	枸杞盆景	敬祝延年益壽
米蘭	崇高品質	黃菊花	真心的愛
百日草	奮發向上、倔強精神		

附錄五　節日禮品花卉名錄

節　日	時間（月、日）	禮品花卉名稱
元旦	1.1	水仙、梅花、迎春、芍藥
春節	農曆正月初一	水仙、梅花、迎春、芍藥
情人節	① 2.14 ② 農曆7月7日	玫瑰、薔薇、百合、鬱金香
婦幼節	4.4	唐菖蒲、香石竹、一品紅
基督教復活節	春分月圓後第1個星期日	百合
國際勞動節	5.1	紅色花
母親節	5月第2個星期日	康乃馨、百花、萱草、茉莉
國際兒童節	6.1	三色菫、月季、含羞草
父親節	8.8	泰國蘭
教師節	9.28	唐菖蒲、菊花
國慶日	10.10	紅色花
國際敬老節	10.1	菊花、蘭花
重陽節	農曆九月初九	菊花、蘭花
耶誕節	12.25	一品紅、虎刺梅、南洋杉

【註】婦幼節禮品花卉名稱

　　送給母親：

　　紅色康乃馨：祝母親健康長壽

　　粉色康乃馨：祝母親永遠年輕、美麗

　　黃色康乃馨：對母親的感激之情

　　送給妻子：

　　百合花：代表幸福、百年好合

　　送給戀人：玫瑰花、粉色康乃馨、百合花等

　　送給同事、朋友：太陽花、康乃馨等

　　送給老師：康乃馨（代表神聖）

附錄六　社會交往禮品花卉名錄

項　目	花卉名稱	註
婚禮	百合、大麗花、玫瑰、並蒂蓮、鬱金香、紫羅蘭、一品紅、月季、牡丹	忌送白色花
祝壽	桃、菊、萬年青、長壽花、壽星草、梅花、蘭花	
會見女友、戀人	薔薇、石榴、玫瑰	
會見朋友、朋友生日	石榴、一品紅、月季、百日紅	
迎接遠方朋友	紫藤	
送朋友遠行	芍藥	
贈優勝者	桂花、山茶、木棉、紫薇、紅色花	
贈國際友人	中國十大名花、君子蘭	
贈華僑	水仙鱗莖	
慰問病人	海棠、含笑、水仙、蘭花、月季、金橘	
夫妻	合歡、月季、玫瑰、薔薇、海棠、水仙、桃花、茶花、蓮花、並蒂蓮、金銀花、茉莉、含笑	
企業開張	月季、紫薇、萬年青、松柏	
社會交往	花束（包括月季、康乃馨、茉莉、馬蹄蓮）	

國家圖書館出版品預行編目資料

君子蘭栽培實用技法 ／ 岳粹純　編著
　　——初版，——臺北市，品冠，2014〔民103.04〕
　　　面；21公分 ——（休閒生活；7）
　　　ISBN　978－986－5734－04－6（平裝；）
　　1.蘭花　2.栽培
435.431　　　　　　　　　　　　　　　　　103002152

君子蘭栽培實用技法

編　　著／岳粹純
責任編輯／岑紅宇
發行人／蔡孟甫
出版者／品冠文化出版社
社　　址／台北市北投區（石牌）致遠一路2段12巷1號
電　　話／（02）28233123 · 28236031 · 28236033
傳　　眞／（02）28272069
郵政劃撥／19346241
網　　址／www.dah-jaan.com.tw
E - mail ／ service@dah-jaan.com.tw
承印者／凌祥彩色印刷股份有限公司
裝　　訂／承安裝訂有限公司
排版者／弘益電腦排版有限公司
授權者／安徽科學技術出版社
初版1刷／2014年（民103年）4月

定　價／300元

大展好書　好書大展
品嘗好書　冠群可期

大展好書　好書大展
品嘗好書　冠群可期